베이커리 인기빵 실전 매뉴얼

마스터 베이킹

Master Baking

홍상기 지음

BnCworld

FOREWORD

16살 6월쯤인가 동네에 제빵학원이 오픈했습니다. 이것을 본 주위 어른들께서 제빵사야말로 너에게 딱 맞는 직업이라며 당장 등록하라고 하셨습니다. 제가 초등학교 때부터 집에서 카스텔라를 만들었기 때문이었죠. 처음 학원에서 수업받던 날, 저는 너무 좋아서 신이 났답니다. 팥빵도 만들고 도넛도 만들고……. 학원이 끝나고 집에 오면 그릇들을 뒤집어놓고 크림으로 데커레이션 연습을 했습니다. 어른들은 그런 저를 보고 흐뭇한 웃음을 보이시곤 했지요.

그렇게 만난 빵과의 인연으로 28년이 지난 지금, 저는 아침이면 빵을 만들고 저녁에는 빵을 연구하면서 하루하루를 보내고 있습니다. 가장 감사한 것은 제가 좋아하는 일을 하며 산다는 것이고, 이 길을 걸어온 것에 대해 한번도 후회하지 않고 행복해 한다는 것입니다.

이 책을 준비하는 동안에도 아직 부족한 제가 이런 책을 쓴다는 것이 과연 괜찮은 것일까, 라는 의문이 끊이지 않았지만 업계에 입문한 후배 기술자들과 신제품 개발에 목말라하는 분들에게 조금이나마 도움이 되었으면 하는 마음으로 또 다른 행복을 느끼며 이 글을 쓰고 있습니다.

이 책을 보시는 모든 분들께 하고 싶은 말이 있다면 이 책은 오랜 현장에서의 경험을 바탕으로 직접 판매하고 있는, 인기 제품들 위주로 레시피가 만들어졌다는 것입니다. 따라서, 현장에서 직접 빵을 만들고 있는 분들에게는 자신의 레시피나 제조법과 비교해 필요한 부분을 취할 수 있는 실질적인 책입니다. 재료 또한 제가 실제 사용하고 있는 재료들을 숨김없이 밝히고 있기 때문에 똑같은 제품을 그대로 생산해낼 수 있다고 장담할 수 있습니다.

업소에 따라 제가 사용한 재료를 비슷한 성질의 다른 재료로 바꾸어 사용할 수도 있겠지만 재료생산업체마다 약간씩 특성이 다를 수 있으므로 그에 따라 배합과 공정을 수정할 필요는 있을 것입니다. 이 책에서 사용한 재료와 부재료의 목록은 부록에 따로 밝혀두었습니다.

또, 집에서 직접 빵을 만들어 먹는 홈베이커들에게도 이 책은 유용한 정보를 담고 있습니다. 그대로 따라한다면 요즈음 뜨고 있는 제과점의 최신 식사빵이나 천연효모빵들을 집에서도 손쉽게 만들 수 있도록 모든 과정이 사진과 함께 상세히 소개돼 있기 때문입니다. 아무쪼록 이 책이 현장기술인은 물론 제빵에 관심이 많은 홈베이커와 전공학생들에게 조금이라도 도움이 되길 간절히 바랍니다.

앞으로는 자기만의 기술과 감각을 지닌 기술인만이 성공하고 발전할 거라 믿습니다. 지금 시작하는 수많은 기술인들이 포기하지 않고 작은 성취들을 맛보며 목표를 이루었으면 하는 바람에서 새롭게 떠오르고 검증된 제품들을 한 권으로 묶었지만 업계 선·후배님들의 가르침도 기대하고 있습니다.

제 꿈이자 목표는 진정한 제빵 장인이 되는 것이고, 그 길이 결코 쉬운 길이 아님을 알지만 즐거운 마음으로 정진하는 것입니다. 이 책도 저에게 하나의 채찍이 될 것입니다. 감사합니다.

홍상기

- CONTENTS -

PART 01

빵 만들기의 기초

빵 만들기의 기초와 반죽법

01 빵 만들기 기초

① 밀가루

- 강력분 : 강력분은 단백질 함량 12% 이상 되는 밀가루이다. 회분 함량의 경우 강력 1등급은 0.42 이하, 제빵용 강력분은 0.47 이하를 기준으로 한다. 강력분은 부드러운 식감의 빵을 만드는 데 주로 사용한다.
  ※ 단백질의 양 (동아제분 기준) : 강력분 10.5~13.5%, 중력분 8.0~10.5%, 박력분 6.5~8.5%, 우리밀 10.5~11%

- 찰보리 박력분 : 찰보리는 식이섬유의 일종인 베타글루칸(β-glucan) 성분이 쌀의 50배, 밀의 7배 가량 많아 지방의 축적을 억제하며 비만을 방지하고 콜레스테롤 수치를 낮추어 준다. 또한, 알칼리성 식품이므로 열량이 적어 다이어트에도 도움을 준다.

② 이스트

- 이스트는 100% 효모 덩어리로 천연첨가물로 등록되어 있다.
- 이스트가 가장 좋아하는 온도는 28~30℃다.
- 이스트는 살아 있는 생물이므로 적합한 온도(0~5℃)에 보관하는 것이 중요하다.
- 소금은 이스트를 저해하는 재료이기 때문에 서로 닿지 않게 주의해야 한다.
- 이스트는 28~30℃의 물에 풀어서 사용하는 것이 가장 바람직하며 달걀이나 기름과 함께 섞는 것은 바람직하지 않다.
- 이스트가 가장 좋아하는 pH는 4.8~5.0이라는 것을 숙지하고 빵을 만든다면 많은 도움이 된다.
- 빵의 풍미는 효모가 발효하는 과정에서 생긴다. 알코올과 유기산류의 발생과 아미노산의 생성은 빵의 맛을 감칠맛 나게 만들어주는 역할을 한다. 장시간 저온 발효시키면 빵은 이러한 성분들에 의해 더 맛있고 구수한 맛을 내게 된다.

(왼쪽)생이스트는 사용하기가 편리하고 반죽에서의 활성이 빠르게 시작되는 장점이 있다.

(오른쪽)드라이이스트는 보관이 용이하지만 바로 사용할 수 없기 때문에 28~30℃의 물에 풀어 3분 정도 후 사용하는 것이 바람직하다.

③ 유산균사워종

- 이 책에서 사용하는 유산균사워종은 비활성 사워종이다.
- 빵의 보습 역할을 하며 촉촉한 식감을 만들어주고 소화를 도와주며 풍미를 좋게 한다. 빵의 pH를 내려주기 때문에 효모가 활동하는 데 도움을 준다.
- 이 책의 레시피에서 유산균사워종을 물로 대체할 때 물의 분량은 유산균사워종 분량의 70%다.

〈유산균사워종 만들기〉

[재료] 물 1,160g, 유산균발효액 41g, 포도당 32g, 소금 16g, 강력분 825g

[공정] 모든 재료를 덩어리가 생기지 않도록 거품기로 섞어 38℃에서 18시간 발효한다.

* 자가제조가 어렵다면 시판되는 액상 사워종을 사용해도 된다.

〈유산균발효액〉

〈모든 재료 섞기〉

〈완성된 유산균사워종〉

④ 몰트엑기스

- 몰트는 두 가지의 유형으로 나뉘는데 활성 몰트(diastatic malt)와 비활성 몰트(non diastatic malt)로 나뉘어진다. 활성 몰트는 아밀라제라는 효소에 의해 전분을 포도당으로 분해하는 것을 도와주므로써, 이스트가 활동하는 것을 도와준다. 비활성 몰트는 빵의 맛과 껍질의 색만 영향을 준다.

02 빵을 만드는 기본 순서

① 재료 계량

제품을 만들기 위해서 제일 먼저 시작하는 단계이다. 반죽에 필요한 분량과 충전에 필요한 분량을 정확하게 계량해 놓는다.

② 믹싱

저속, 중속, 고속으로 바꿔가며 믹싱을 한다. 믹싱 중 충전물을 넣는 제품도 있고, 반죽의 온도를 내리기 위해 얼음물 위에서 믹싱할 때도 있다.

③ 1차 발효

보통은 발효실에서 한다. 그러나 바게트나 천연 발효빵은 실온에서 전통적인 방법으로 발효시킨다.

④ 분할

제품의 크기에 따라 분할한다. 치아바타와 같은 경우는 반죽을 넓게 편 상태에서 재단을 하기 때문에 치수를 계산한 후 분할한다.

⑤ 벤치타임

분할한 반죽을 성형하기 좋게 만들어 발효시키는 공정이다. 예비성형이라고 부르기도 한다.

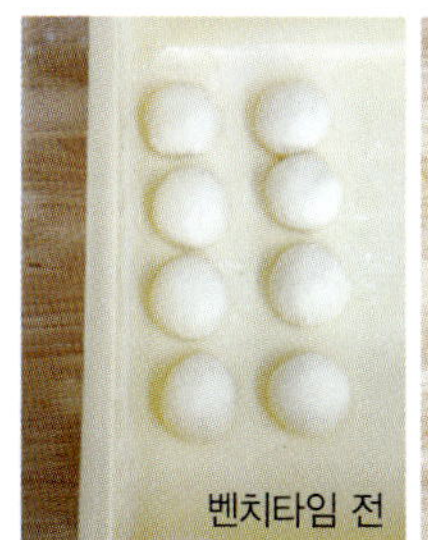
벤치타임 전

벤치타임 후

⑥ 성형

빵의 모양에 따라 다르다. 성형하는 방법에 따라 모양과 크기에도 변화가 생긴다.

⑦ 2차 발효

일반 빵은 발효실에서 2차 발효를 시키지만, 최근에는 천연 발효빵이나 바게트, 캄파뉴 종류는 실온에서 자연 발효를 시키는 경우도 많다.

2차 발효 전

2차 발효 후

⑧ 굽기

빵의 벌어짐을 좋게 하기 위한 쿠프(칼집)는 굽기 전에 넣는다. 오븐은 주로 컨벡션오븐이나 데크오븐을 사용한다. 컨벡션오븐은 틀에 성형하는 식빵류, 비스킷이나 토핑을 하는 빵, 페이스트리, 일부 바게트 등을 구울 때 사용하고, 데크오븐은 부드러운 스위트브레드, 브리오슈, 캉파뉴, 바게트, 천연 발효빵 등 윗불과 아랫불을 따로 작동해 구울 때 사용한다.

컨벡션오븐

데크오븐

03 반죽법

① 오토리즈 반죽 Autolyse

- 오토리즈는 프랑스 빵이나 저배합 빵에서는 꼭 필요한 방법 중의 하나로, 오토리즈를 처음 고안한 사람은 레이몬드 칼벨(Raymond Calvel)이라는 프랑스의 제빵사로 알려져 있다.
- 오토리즈란 밀가루와 물만을 저속으로 2~3분 믹싱하여 최소 20분 정도 휴지시킨 반죽을 말한다.
- 휴지하는 동안 밀가루와 물이 충분한 수화를 이루게 되고 최대의 수율을 목적으로 하는 그 과정에서 반죽의 신장성 또한 좋아져 글루텐을 활성화한다. 이로 인해 믹싱시간이 짧아지고 무리하게 믹싱을 하지 않고도 좋은 반죽을 만들 수 있다.
- 오토리즈는 20분이면 수화가 충분히 이루어지지만, 만드는 사람에 따라 시간은 달라질 수 있다. 휴지하는 시간이 길어지면 냉장 상태에서 하는 것이 좋으나 예외도 있다.
- 본 반죽의 결과 온도가 26℃라면 오토리즈의 결과 온도는 22~23℃로 하면 된다. 이는 계절에 따라 차이는 있지만 본 반죽을 할 때 믹싱시간이 짧으므로 믹싱 중 반죽온도가 2~3℃ 정도만 상승한다고 생각하면 되기 때문이다.

* 이 결과는 현장에서의 결과이기 때문에 상황에 따라 변할 수 있다.

휴지 전 휴지 후

② 풀리쉬 반죽 Poolish

- 풀리쉬는 폴란드에서 처음 만들어진 반죽으로 물과 밀가루 1:1의 비율에 이스트를 아주 소량만 넣어 6~8시간 정도 발효시켜 만드는 방법이다.
- 일반적으로 가장 많이 사용하는 방법이기도 하다. 바게트나 프랑스 빵을 만들 때 사용하면 볼륨과 빵의 풍미가 좋아지고 믹싱시간도 짧아져 좋은 결과의 빵을 만드는 데 도움을 준다.
- 풀리쉬라는 방법 또한 르방이나 중종을 사용하는 것처럼 빵의 풍미를 증진시키고 탄력 있는 반죽을 만들기 위한 반죽법이다.

1 30℃의 물에 이스트를 충분히 풀어준다. (믹싱을 하지 않으므로 꼭 필요한 작업이다.)

→

2 1에 물과 같은 분량의 밀가루를 넣고 잘 섞어준다.

→

3 발효가 끝난 상태는 거품이 크고 충분히 부풀어서 꺼지기 전의 상태로 이를 100으로 정한다.

③ 중종 반죽

- 일반적으로 중종 반죽은 스펀지 반죽과 혼용되고 있지만, 이 책에서 사용하는 중종 반죽은 건강빵용으로 전체 밀가루의 30~35%를 사용한다.
- 중종 반죽은 수분을 80% 정도로 넣어 2.5배 정도로 발효시킨다.
- 중종 반죽을 사용하면 빵의 풍미가 좋아지는 장점이 있다.

스펀지 반죽 Sponge dough

- 스펀지 반죽이란, 반죽 재료의 일부로 스펀지 반죽을 만들어 충분히 발효시킨 후 본 반죽에 넣어 반죽을 하는 반죽법이다. 이는 반죽의 안정도가 높고 보존기간도 길며 부드러운 식감을 얻을 수 있는 방법이다.
- 스펀지 반죽은 전체 밀가루량의 50~70%를 주로 사용하며 여기에 물과 이스트 전부를 넣고 발효시킨다. 본 반죽에서는 남은 밀가루, 소금, 설탕, 분유, 유지, 기타 재료를 넣고 반죽한다.
- 스펀지 반죽의 발효시간은 사용하는 밀가루의 양과 이스트의 사용량에 따라 달라진다. 50%를 사용할 경우 반죽온도 26℃에서 1~3시간 정도 발효시킨다.

③ 비가 반죽 Biga

- 비가는 이탈리아에서 사용하는 반죽법으로 사전 반죽(preferment)이라는 의미다. 비가는 글루텐의 탄력을 좋게 하고 빵의 풍미와 특별한 맛을 더해준다.
- 이탈리아에서 생산되는 밀가루는 빵을 만들기에는 힘이 부족한 편이라서, 반죽에 탄력을 주고 풍미를 좋게 하는 비가를 사용하기 시작했다고 한다.
- 비가는 일반적으로 밀가루량 대비 1~2%의 생이스트와 60% 정도의 수분으로 만들어진다. 중종 반죽과 풀리쉬 반죽의 중간 정도로 또 다른 매력을 가진 반죽이라 할 수 있다.
- 이탈리아에서는 비가에 생이스트를 2.5%까지 사용하는 레시피도 있으므로 장소와 환경에 따라 바뀔 수 있다는 점을 감안하자.
- 발효시간은 주로 10~18시간이지만, 빠르게 사용하고자 할 때는 6시간 발효 후 사용하기도 한다.
- 이탈리아에서는 우리가 보통 사용하는 묵은 반죽(old dough)을 사용하기도 하는데, 이것을 비가라고 부르기도 한다.

〈비가 만들기〉

[재료] 물 60g, 생이스트 2g, 강력분 100g

[공정] ① 물과 이스트를 풀어준다. ② 강력분을 넣고 저속에서 반죽이 잘 섞일 정도로만 믹싱한다.

* 반죽온도 24℃, 실내온도 26℃ 정도에서 12시간 발효시킨다. 본 레시피는 이탈리아에서 사용하는 비가 레시피이다. 1차 발효가 끝난 반죽의 일부를 떼어 냉장고에서 18시간 저온 발효시킨 반죽도 비가라고 부른다. 이러한 방법으로 비가도 르방처럼 몇 년간 이어갈 수 있다.

발효 전

발효 후

저온숙성법 Low temperature ripening

- 반죽을 저온에서 장시간 발효시키는 과정에서 효소들의 활동이 활성화되어 빵의 풍미가 더 좋아진다. 냉장반죽법이라고도 한다.
- 저온숙성 반죽은 어려운 방법 중의 하나다. 온도의 변화와 계절에 따라 그 상태가 달라지기 때문에 많은 경험이 필요하다.
- 냉장발효를 하는 시점은 환경에 따라 다르지만 저배합의 경우 일반적으로 실온에서 1차 발효를 시키고 펀치를 준 후에 5℃의 냉장고에 넣어 15~18시간 정도 발효를 시킨다.
- 냉장발효 후에는 반죽의 온도가 차갑기 때문에 분할을 해서 반죽의 온도를 15~18℃로 올려준 후에 성형하는 것이 좋다.
- 일반적으로 차가운 반죽은 오븐에 들어가면서 팽창이 이루어지고 그로 인해 기공도 크게 열리게 된다.
- 본서에서의 공정은 손반죽이 아닌 믹서기를 사용했을 때의 공정이기 때문에 손반죽일 경우 펀치의 횟수를 늘려주는 게 좋다.
- 저온숙성법을 활용할 경우 실온법과 공정상 차이가 있으므로 이스트 양 등 레시피의 조정이 필요하다.

천연 효모종 만들기

01 건포도 액종

[재료] 건포도 400g, 물 1,000g

[공정]

① 건포도는 식물성 유지로 코팅이 되어 있으므로, 따뜻한 물에 한 번 씻어주고 흐르는 찬물에 다시 한 번 씻어서 사용한다.

② 유기농 건포도일 경우에도 식물성 유지로 코팅이 되어 있기 때문에 일반 건포도와 같이 처리한다.

③ 유리병은 끓는 물에 소독해 준비한다.

④ 건포도를 유리병에 넣는다.

⑤ 물을 넣고 뚜껑을 닫아 상온(26℃)에서 발효시킨다.

⑥ 하루에 두 번씩 흔들고 뚜껑을 열어 새로운 공기를 넣어줌으로써 위쪽에 곰팡이가 생기는 것을 방지한다. 이것을 반복하면 건포도는 위로 뜨게 되고 색은 갈색으로 변한다.

⑦ 발효가 완료되면, 소독한 체에 건포도를 걸러낸다.

⑧ 걸러낸 액종은 다시 소독한 유리병에 담아둔다. 5℃의 냉장고에서 3~4일 보관이 가능하다.

* 여름철에는 3일이면 완성되지만 겨울철에는 5일 이상 걸리기도 한다.

1일차 → 흔들기 → 뚜껑열기

2일차 → 3일차 → 거르기

02 찰보리 르방(액종 사용)

1일차 르방 만들기

[재료] 레이즌 액종 100g, 찰보리 박력분 50g, 강력분 50g

[반죽온도] 25~26℃

[공정] ① 레이즌 액종에 찰보리 박력분과 강력분을 넣고 덩어리가 풀어질 정도로 섞어준다.

② 26℃의 실온에서 랩을 씌워 24시간 발효시킨다.

③ 24시간 후 섬유질이 확실히 보이면 2일차 반죽을 만든다.

2일차 르방 만들기

[재료] 1일차 르방 전부 200g, 찰보리 박력분 100g, 강력분 100g, 물 160g

[반죽온도] 25~26℃

[공정] ① 1일차 르방에 찰보리 박력분과 강력분, 물을 넣고 저속으로 2분 정도 섞어준다(반죽의 덩어리가 없고 잘 섞인 정도의 상태까지).

② 26℃의 실온에서 18시간 정도 발효시킨다.

③ 1일차보다는 좀 빠르게 발효가 진행되며 섬유질이 확실히 보이면 3일차 르방을 만든다.

3일차 르방 만들기

[재료] 2일차 르방 전부 560g, 찰보리 박력분 280g, 강력분 280g, 소금 8g, 물 448g

[반죽온도] 25~26℃

[공정] ① 2일차 반죽 560g에 찰보리 박력분과, 강력분, 소금, 물을 넣고 저속으로 2분 정도 섞어준다.

② 26℃의 실온에서 12시간 정도면 섬유질이 형성되며 바로 르방을 사용할 수 있다.

③ 남은 르방은 표면에 찰보리 가루를 뿌려 5℃ 냉장고에 보관한다.

④ 냉장보관할 경우 3~4일 정도 보관이 가능하다.

03 찰보리 르방(물 사용)

1일차 르방 만들기

[재료] 찰보리 박력분 100g, 강력분 100g, 물 200g

[반죽온도] 28℃

[공정] ① 모든 재료를 볼에 넣고 충분히 섞은 후, 랩을 씌워 발효시킨다.

② 28~29℃의 실온에서 24~27시간 발효시킨다.

2일차 르방 만들기

[재료] 1일차 반죽 400g, 찰보리 박력분 200g, 강력분 200g, 물 320g

[반죽온도] 28℃

[공정] ① 1일차와 동일

② 발효시간 20~23시간

3일차 르방 만들기

[재료] 2일차 반죽 400g, 찰보리 박력분 200g, 강력분 200g, 물 320g

[반죽온도] 28℃

[공정] ① 1일차와 동일

② 발효시간 17~20시간

4일차 르방 만들기

[재료] 3일차 반죽 400g, 찰보리 박력분 200g, 강력분 200g, 물 320g

[반죽온도] 28℃

[공정] ① 1일차와 동일
② 발효시간 15~17시간

5일차 르방 만들기

[재료] 4일차 반죽 400g, 찰보리 박력분 200g, 강력분 200g, 물 320g

[반죽온도] 28℃

[공정] ① 1일차와 동일
② 8~10시간 발효 후 사용 가능

* 5일 공정이 끝나면 3~5℃ 냉장고에서 4일까지 보관이 가능하다.
* 4일 후에는 5일차 반죽을 리프레시하면 된다.
예) 만약 남은 반죽이 100g이면, 찰보리 박력분 50g, 강력분 50g, 물 80g을 사용한다.

TIP 찰보리 르방(액종 사용)을 이어가는 방법의 예

3일차 르방 만들기와 같은 공정을 반복하면서 사용한다.

[재료] 전일 사용하고 남은 르방 500g, 찰보리 박력분 250g, 강력분 250g,
소금(가루의 1%) 5g, 물(가루의 80%) 400g

[공정] ① 전일 사용하고 남은 르방과 찰보리 박력분, 강력분, 소금, 물을 믹서볼에 넣고 저속으로 2분 정도 섞어준다.
② 26℃의 실온에서 섬유질이 생기기 시작하면 표면에 찰보리가루를 뿌려서 뚜껑을 덮어 냉장고에서 보관한다.
③ 여름철의 경우 만들어서 1시간 후 냉장고에 바로 보관한다.
④ 겨울철의 경우 26℃ 정도에서 6시간 후 상태를 확인하고 냉장고에 보관한다.

* 계절과 날씨에 따라 탄력적으로 발효시간을 설정하고 관리해야만 좋은 르방의 상태를 유지할 수 있다.
* 레이즌 화이트 르방을 이어갈 때의 물의 양은 밀가루량의 70%다.

04 레이즌 화이트 르방

● 1일차 르방 만들기

[재료] 레이즌 액종 100g, 강력분 50g, 중력분 50g

[반죽온도] 25~26℃

[공정] ① 레이즌 액종에 강력분과 중력분을 넣고 덩어리가 없을 정도로 잘 섞어준다.
② 26℃의 실온에서 24시간 정도 발효시킨다.
③ 섬유질이 충분히 생기면 2일차 르방을 만든다.

● 2일차 르방 만들기

[재료] 1일차 르방 전부 200g, 강력분 100g, 중력분 100g, 몰트엑기스 2g, 물 140g

[반죽온도] 25~26℃

[공정] ① 1일차 르방 반죽에 강력분, 중력분, 몰트엑기스, 물을 넣고 저속으로 2분 정도 섞어준다.
② 26℃의 실온에서 20시간 정도 발효시킨다.
③ 섬유질이 충분히 생기면 3일차 르방을 만든다.
④ 몰트엑기스는 효모의 활성을 돕기 위해 2일차에 넣어준다.

● 3일차 르방 만들기

[재료] 2일차 르방 전부 540g, 강력분 270g, 중력분 270g, 소금(총 가루량의 1%) 8g, 물(밀가루의 70%) 378g

[반죽온도] 25~26℃

[공정] ① 2일차 르방에 강력분, 중력분, 소금, 물을 넣고 저속으로 2분 정도 섞어준다.
② 26℃의 실온에서 18시간 정도 발효시킨다.
③ 섬유질이 충분히 생기면 사용 가능한 르방이 된다.

르방의 활용

효모는 발효의 씨라는 의미이다. 나라별 언어 사용의 차이 때문에 여러 경로에 따라 천연 발효종, 자연 발효종, 천연 이스트, 르방 등으로 다양하게 불리는 천연 발효균은 결국 미생물학적으로 모두 같은 의미라고 생각하면 된다.

01 르방의 구분

① 르방 뒤흐(Levain Dur)

- 수분이 50% 정도 함유된 르방 뒤흐는 단단한 르방을 말하며 맛이 강하고 신맛이 강한 편에 속한다. 바게트나 캉파뉴 등 주로 단단한 빵에 사용하며, 발효력이 뛰어나 볼륨이 좋은 빵을 만들 때 주로 사용한다.

② 르방 리퀴드(Levain Liquide)

- 수분이 100% 포함되어 있는 르방 리퀴드는 진 반죽 형태를 하고 있다.
- 발효력이 안정적이고 빵의 보존성이 뛰어나 여러 반죽에 사용한다.
- 관리가 까다로운 편이어서 정성을 들여 제대로 사용하지 않으면 하루 아침에 효력을 잃을 수도 있으니 주의해야 한다.
- 부드럽고 촉촉한 반죽을 원할 때 주로 사용한다.

02 본서에서 사용한 르방

① 화이트 르방

- 건포도 액종과 밀가루를 섞어서 만든 화이트 르방은 수분 70%가 들어가는 르방이며 사용하는 사람에 따라 그 비율은 달라질 수 있다.
- 이 책에서 사용한 르방은 르방 뒤흐와 르방 리퀴드의 중간 단계에 해당하는 르방이다.
- 이 르방을 만들기 위한 최초 액종은 5년 전에 만들어졌다. 건포도에 빨간 사과껍질을 넣어 발효시킨 액종을 사용했다.

② 찰보리 르방

- 찰보리 르방은 밀가루와 찰보리 박력분을 1/2씩 배합하여 건포도 액종과 함께 반죽하여 만든 르방이다.
- 수분을 80% 넣어 리프레시하는 방법을 사용하며, 찰보리에는 효모가 좋아하는 영양소들이 많아서 발효가 빠르고 반죽에 넣었을 때도 다른 르방에 비해 활성과 탄력에서 뛰어난 것을 알 수 있다.

PART 02
바게트

Poolish baguette

풀리쉬 바게트

풀리쉬 바게트는 저온에서 숙성된 풀리쉬종을 사용하여 만든 바게트로, 씹는 맛이 가볍고 부드러우며 깊은 풍미를 만들어 내는 것이 특징이다. 크러스트 역시 얇고 바삭해서 부담 없이 먹을 수 있다.

재료

*** 반죽(6개 분량)**

풀리쉬 반죽	(g)
물	350
생이스트	3
강력분	250
우리밀백밀	100

본 반죽	(g)
강력분	450
우리밀백밀	200
풀리쉬 반죽	전량
인스턴트드라이이스트(레드)	2
물Ⓐ	10
물Ⓑ	400
몰트엑기스	6
소금	20
총중량	**1,791**

주요 공정

풀리쉬 반죽
믹싱 단단한 주걱으로 충분히 섞어준다.
반죽온도 22℃
25℃ 60분 발효 → 5℃ 냉장 15시간 발효
(또는 26℃ 6시간 발효)

본 반죽
믹싱 1단 1분 → 2단 2분 → 소금 투입 → 2단 6분, 반죽온도 25℃

1차 발효 28℃ 75% 90분 → 펀치 → 60분

분할 298g

벤치타임 30분

성형 긴 바게트 모양

2차 발효 25℃ 30~50% 40분

굽기 쿠프·스팀 주입
상 240℃ 하 220℃ 25분

Baking Tip

- 풀리쉬 반죽은 발효 포인트를 잘 선택하는 것이 중요하다. 충분히 발효된 후, 꺼지기 전까지를 100%로 정하고 이 시점에서 사용하면 된다.
- 풀리쉬 반죽은 중종 반죽에 비해 물의 양이 많고 발효시간도 6시간 정도로 길기 때문에 빵의 풍미가 좋고 수분이 많으므로 더 촉촉한 상태의 빵을 만들 수 있다.

풀리쉬 반죽

01

30℃ 물에 생이스트를 충분히 풀어준다. 이는 믹싱을 하지 않으므로 꼭 필요한 작업이다.

02

1에 강력분과 우리밀백밀을 넣고 잘 섞어준 후 발효시킨다.

03

발효가 100% 끝난 상태. 거품이 크고 충분히 부풀어서 꺼지기 전의 상태를 말한다.

본 반죽 믹싱

04

믹서볼에 강력분, 우리밀백밀, 풀리쉬 반죽, 이스트, 물Ⓑ(90%), 몰트엑기스를 넣는다. 이때 이스트는 분량의 물Ⓐ에 미리 섞은 후에 넣는다.

05

크린업 단계가 되면 소금을 넣고 나머지 물Ⓑ(10%)를 조금씩 넣어가며 믹싱한다. 처음부터 전량을 다 넣으면 믹싱이 길어지며 수화가 완전히 이루어지는 데 오랜 시간이 걸린다.

06

얇은 막이 형성되면 완성된 상태이다.

1차 발효

07
반죽이 완성되면 90분간 1차 발효에 들어간다.

08
1차 발효 중 넓게 쳐지는 듯한 상태가 되면, 펀치를 준다.

09
펀치는 좌, 우, 상, 하로 4번 접어준다. 펀치를 줄 때는 무리한 힘을 가하지 않도록 주의하면서 손바닥으로 가볍게 접는다.

TIP
진 반죽의 경우에는 늘려접기라고 표현하기도 한다.

10
펀치를 준 후 60분간 발효시킨다.

11
1차 발효 후의 상태. 펀치를 주면 반죽에 탄력이 생기고 다시 발효하는 과정에서 더 힘 있는 반죽이 만들어진다.

분할·벤치타임

12

1차 발효가 끝나면 반죽에 소량의 밀가루를 뿌려 작업대 위로 꺼낸다.

13

1차 발효된 반죽을 298g으로 분할한다.

14

분할한 반죽을 성형하기 좋도록 예비성형을 해준다. 반죽의 좌우 양끝을 접어 올린다.

15

아래에서 위로 한번에 말아서 가스가 많이 빠져나가지 않도록 한다.

16

성형하기 좋도록 길게 말아준 후, 30분간 벤치타임을 갖는다.

성형

17

벤치타임이 끝나면 손바닥으로 가볍게 두드려 가스를 빼준다.

2차 발효

18
위에서 아래로 가볍게 말아준다.

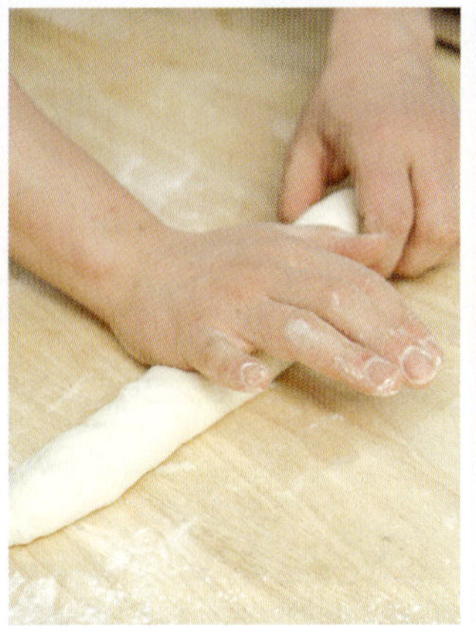

19
끝 부분은 손바닥 끝을 이용하여 꾹꾹 눌러준다.

20
이음새가 위로 가게 해서 캔버스천에 놓은 후, 40분간 2차 발효시킨다.

21
2차 발효 후의 상태. 2차 발효는 약간 통통하게 발효가 된 상태다. 지나친 발효는 빵의 크럼(속 결)을 좋지 않게 하므로 주의한다.

굽기

22
발효가 끝나면 나무판을 이용하여 아랫부분이 위로 올라오도록 하여 실리콘페이퍼에 옮긴다.

23
반죽을 실리콘페이퍼에 옮길 때에는 반드시 적당한 간격을 유지해야만 옆면까지 골고루 구울 수 있다.

24
칼집을 넣은 후, 상 240℃, 하 220℃ 오븐에 25분간 굽는다. 구울 때는 바게트를 넣기 전 스팀을 3초 정도 준 후 바게트를 넣고 2차 스팀을 넣는다.

Emmental cheese bacon

에멘탈치즈 베이컨

아침 식사 대용으로 충분할 만큼 영양과 맛이 풍부한 바게트다. 에멘탈치즈와 베이컨의 궁합이 돋보이도록 빵반죽을 만들었다. 딱딱한 바게트를 좋아하지 않는 사람도 만족스럽게 먹을 수 있을 정도의 식감을 자랑하는 바게트이다.

재료

*** 반죽(3.5개 분량)**

풀리쉬 반죽	(g)
물	350
생이스트	3
강력분	250
우리밀백밀	100

본 반죽	(g)
강력분	450
우리밀백밀	200
풀리쉬 반죽	전량
인스턴트드라이이스트(레드)	2
물Ⓐ	10
물Ⓑ	400
몰트엑기스	6
소금	20
총중량	1,791

*** 충전물(1개당)**

통후추 간 것	적당량
베이컨	3장
참 에멘탈치즈 〈부록 참조〉	60g

주요 공정

반죽 1차 발효까지 풀리쉬 바게트 공정과 동일

분할 500g

벤치타임 30분

성형 밀대로 밀어 편 후 구워놓은 베이컨을 1/2로 잘라 반죽에 올리고 참 에멘탈치즈를 짜준다.

2차 발효 32℃ 75% 60분

굽기 쿠프·스팀 주입
상 230℃ 하 210℃ 30분

Baking Tip

- 후추는 통후추를 갈아서 사용하는 것이 향을 더욱 좋게 한다.
- 참 에멘탈치즈는 액상이기 때문에 성형할 때 이음새를 잘 봉해야 한다.
- 팬닝 시 간격을 충분히 유지해야 한다.

풀리쉬 반죽

01

30℃ 물에 생이스트를 충분히 풀어준 후 강력분과 우리밀백밀을 넣고 발효시켜 풀리쉬 반죽을 만든다.

〈풀리쉬 바게트 참조〉

본 반죽 믹싱

02

풀리쉬 바게트와 동일한 공정으로 반죽을 만들어 1차 발효시킨다.

분할·벤치타임

03

1차 발효가 끝나면 반죽을 500g으로 분할한다.

04

분할한 반죽을 가볍게 둥글리기 한다.

05

반죽의 가장자리를 안쪽으로 접어가며 넣어준다.

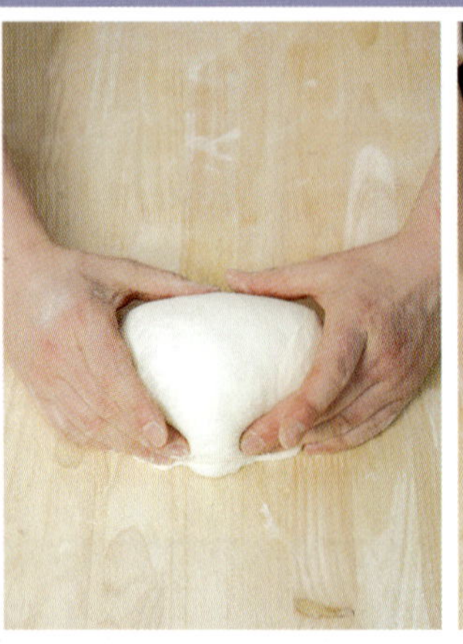

06

가장자리 반죽을 안쪽으로 넣으면서 아래에서 위로 말아준다.

07

끝 부분을 아래로 가게 마무리한 후, 30분간의 벤치타임에 들어간다.

성형

08

벤치타임이 끝난 반죽을 밀대로 밀어 길쭉하게 편다.

09
통후추를 갈아 적당량 뿌려 준다.

10
구워놓은 베이컨을 반으로 잘라 골고루 펼쳐준다.

11
참 에멘탈치즈를 전체적으로 짜준다.

12
치즈가 밖으로 흘러나오지 않도록 위에서 아래로 말아준다.

13
반죽의 끝 부분을 손바닥 끝으로 꾹꾹 눌러준다.

14
반죽의 끝 부분을 손가락으로 꼭꼭 집어 치즈가 새어 나오지 못하도록 마무리한다.

2차 발효

15
실리콘페이퍼를 깐 팬에 올려 60분간 2차 발효에 들어간다.

굽기

16
2차 발효가 끝나면 칼집을 넣은 후, 상 230℃, 하 210℃ 오븐에 스팀 주입 후 30분간 굽는다.

Cold termented baguette

저온숙성 바게트

저온에서 오랜 시간 발효시키기 때문에 탄력 있고 촉촉한 바게트를 얻을 수 있다. 다른 바게트에 비해 깊은 풍미가 나며 발효하는 동안 반죽의 탄력이 좋아져 식감 또한 쫀득하며 씹을수록 고소하고 담백한 맛이 난다.

재료

*** 반죽(6개 분량)**

오토리즈 반죽	(g)
강력분	700
우리밀백밀	300
물	740

본 반죽	(g)
인스턴트드라이이스트(레드)	2
물Ⓐ	10
오토리즈 반죽	전량
물Ⓑ	70
몰트엑기스	5
소금	20
총중량	**1,847**

중요 공정

오토리즈 반죽
믹싱 1단 1분 → 2단 2분, 반죽온도 23℃
실온에서 30분 휴지

본 반죽
믹싱 1단 1분 → 2단 1분 → 소금 투입 → 2단 3분, 반죽온도 24℃

1차 발효 25℃ 50% 90분 → 펀치 → 5℃ 냉장발효, 18~20시간

분할 295g

벤치타임 50분

성형 긴 바게트 모양

2차 발효 25℃ 50% 40분

굽기 쿠프·스팀 주입
상 250℃ 하 230℃ 25분

Baking Tip

- 오토리즈 반죽은 저배합에서 좋은 빵을 만들기 위해 꼭 필요한 반죽이므로 공정을 지켜주는 것이 좋다.
- 완성된 오토리즈 반죽을 장시간 보관할 때는 제품의 특성에 따라 냉장고에서 보관하거나 실온에서 보관할 수 있으며, 이때는 비닐이나 랩을 씌워 반죽이 마르지 않도록 주의한다.
- 1차 발효 후 반죽의 성장이 부족하면 펀치를 한 번 더 주는 것이 좋으며 벤치타임을 길게 갖는다.
- 저온숙성 바게트에서 중요한 것은 반죽의 활성이 얼마만큼 잘 되었는지가 포인트다.

오토리즈 반죽

01
믹서볼에 강력분, 우리밀백밀을 넣고 물을 붓는다.

02
재료가 충분히 섞이도록 믹싱한다.

03
믹싱이 끝나면 반죽이 약간은 거친 상태가 된다.

04
실온에서 30분간 휴지를 주면 반죽의 상태는 수화가 충분히 이루어져 얇은 막이 형성된다.

본 반죽 믹싱

05
이스트는 물Ⓐ를 넣어 잘 섞은 후 5분간 두어 활성화시킨다.

06
오토리즈 반죽에 5의 이스트, 몰트엑기스를 넣고 믹싱한다.

07
6이 충분히 섞이면 소금을 넣고 믹싱한다. 소금은 글루텐을 강하게 하고 후투입을 함으로써 이스트를 안정적으로 유지시켜 준다.

08
발전 단계가 되면 물Ⓑ를 조금씩 넣어준다.

1차 발효

09
반죽이 매끄럽게 윤기가 흐르면 볼에서 꺼내 판에 옮긴다.

10
둥글게 말아 90분간 1차 발효시킨다.

11
1차 발효 90분이 되면 펀치를 주고 5℃ 냉장고에서 18시간 발효시킨다.

분할·벤치타임

12
냉장발효가 끝나면 295g으로 분할한 후, 50분간 벤치타임을 준다. 벤치타임 후의 반죽온도는 18℃.

2차 발효

13
바게트 모양으로 성형한 후, 이음새가 위로 가게 하여 캔버스천에 올린다. 40분간 2차 발효에 들어간다.

굽기

14
2차 발효가 끝나면 나무판을 이용하여 실리콘페이퍼에 옮긴다.

15
칼집을 넣고, 상 250℃, 하 230℃ 오븐에 스팀 주입 후 25분간 굽는다.

Black bean baguette

검은콩 바게트

일명 슈퍼푸드라고 불리는 검은콩에는 항염, 항산화 등의 다양한 효능이 있다. 검은콩 분말을 넣어 일반 바게트에 비해 영양가도 높고 고소한 맛도 훨씬 더 많이 나는 몸에 좋은 건강빵이다.

재료

*** 반죽(6개 분량)**

오토리즈 반죽	(g)
볶은 검은콩 가루	20
강력분	700
우리밀백밀	300
물	740

본 반죽	(g)
오토리즈 반죽	전량
인스턴트드라이이스트(레드)	4
물	20
몰트엑기스	8
소금	20
총중량	**1,812**

중요 공정

오토리즈 반죽
믹싱 1단 1분 → 2단 2분
반죽온도 23℃, 실온에서 30분 휴지

본 반죽
믹싱 1단 1분 → 2단 2분 → 소금 투입 → 2단 3분 → 3단 1분, 반죽온도 24℃

1차 발효 28℃ 75% 90분 → 펀치, 60분

분할 298g

벤치타임 40분

성형 긴 바게트 모양

2차 발효 25℃ 50% 50분 실온발효

굽기 쿠프, 상 250℃ 하 240℃
10분 후, 하 200℃ 15분

Baking Tip

- 1차 발효에서 펀치를 한 번 더 해 주면, 반죽에 탄력이 생기고 충분한 수화가 이루어져 더 좋은 풍미의 제품을 만들 수 있다. 단, 과발효는 오히려 좋지 않은 영향을 주기 때문에 주의해야 한다.
- 여름철 실내온도가 높다면 오토리즈 반죽의 휴지를 냉장에서 하는 것도 좋은 방법이다.

오토리즈 반죽

01
볶은 검은콩 가루와 강력분, 우리 밀백밀, 물을 넣고 믹싱한다.

02
믹싱이 끝난 상태. 크린업 단계로 잡아당기면 쉽게 끊어지는 상태다. 실온에서 30분간 휴지시킨다.

03
휴지 후 반죽의 상태는 수화가 충분히 이루어져 매끄러운 막이 형성된다.

본 반죽 믹싱

04
오토리즈 반죽에 미리 물에 풀어놓은 이스트, 물, 몰트엑기스를 넣고 믹싱한다.

05
4가 충분히 섞이면 소금을 넣고 믹싱한다.

06
매끄럽게 윤기나는 상태가 되면 완성된 것이다.

1차 발효

07
완성된 반죽을 둥글게 말아 90분간 1차 발효에 들어간다.

08
1차 발효 중 반죽이 넓게 퍼지면 펀치를 준다.

09
펀치는 좌, 우, 상, 하로 가볍게 4번 접어준다. 펀치는 반죽을 탄력 있게 만들어준다. 펀치 후 60분간 1차 발효시킨다.

10
1차 발효 후의 상태.

분할·벤치타임

11
1차 발효가 끝나면 298g으로 분할한다. 가볍게 말아서 윗면을 매끄럽게 만든 후, 40분간 벤치타임을 갖는다.

성형

12
벤치타임이 끝나면 반죽을 손바닥으로 가볍게 두드려 가스를 뺀 후, 위에서 아래로 가볍게 말아 바게트 모양으로 성형한다.

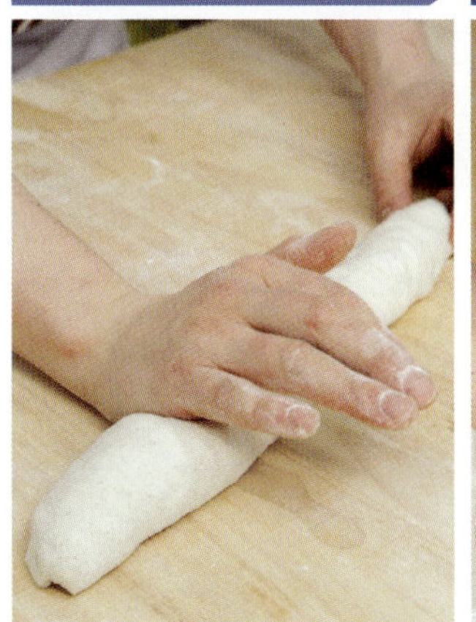

13
마무리는 손바닥 끝으로 꾹꾹 눌러준다.

2차 발효

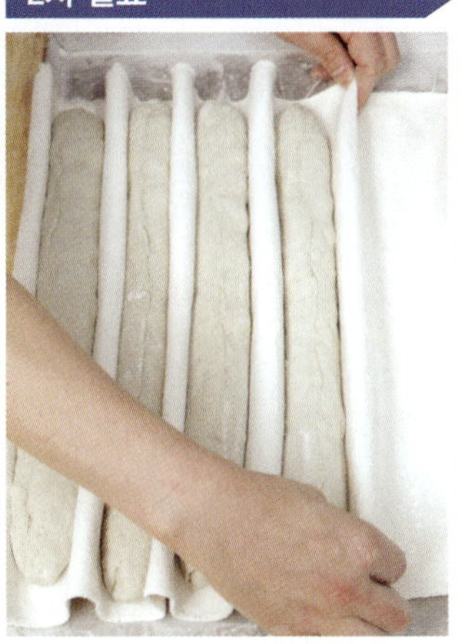

14
성형한 바게트 반죽은 캔버스천에 이음새가 위로 가도록 올린 후, 50분간 2차 발효시킨다.

굽기

15
2차 발효가 끝나면, 나무판을 이용해 실리콘페이퍼에 옮긴다. 실리콘페이퍼에 올릴 때는 반죽 사이에 충분한 간격을 둔다.

16
칼집을 넣고 상 250℃, 하 240℃ 오븐에 10분간 구운 후, 하 200℃에서 15분간 더 굽는다.

Whole wheat baguette

통밀 바게트

샌드위치나 그라탱으로 만들어 먹어도 좋고 따뜻하게 구워먹으면 통밀의 고소한 맛과 독특한 식감을 한층 더 느끼며 먹을 수 있는 바게트이다.

재료

＊ 반죽(7개 분량)

오토리즈 반죽	(g)
강력분	700
통밀 중간 입자	200
통밀 굵은 입자	100
물	620

본 반죽	(g)
오토리즈 반죽	전량
인스턴트드라이이스트(레드)	3
물	20
몰트엑기스	6
소금	20
총중량	1,669

중요 공정

오토리즈 반죽
믹싱 1단 2분 → 2단 1분
반죽온도 23℃, 실온에서 30분 휴지

본 반죽
믹싱 1단 1분 → 2단 1분 → 소금 투입 → 2단 5분, 반죽온도 24℃

1차 발효 26℃ 50% 90분 → 펀치 → 50분

분할 235g

벤치타임 40분

성형 뾰족한 바게트 모양

2차 발효 26℃ 30% 40분

굽기 쿠프·스팀 주입
상 240℃ 하 230℃ 15분
상 240℃ 하 200℃ 10분

Baking Tip

- 저온숙성 바게트는 1차 발효에서 얼마만큼 발효시켜 냉장고에 넣느냐가 중요하며 작업시간에서도 많은 차이가 난다.
- 본 반죽은 1차 발효 90분 후 펀치를 주고 저온 발효로 전환이 가능하다.

오토리즈 반죽

01
강력분, 통밀 중간 입자, 통밀 굵은 입자, 물을 섞어 오토리즈 반죽을 만든다.

02
수화가 충분히 이루어져 매끄러운 상태가 되면 완성된 것이다.

본 반죽 믹싱

03
오토리즈 반죽에 미리 풀어놓은 이스트, 물, 몰트엑기스를 넣는다.

04
반죽이 충분히 섞인 상태.

05
반죽이 충분히 섞이면 소금을 넣고 믹싱한다.

1차 발효

06
반죽이 완성되면 표면을 매끄럽게 만들어 90분간 1차 발효에 들어간다.

07
1차 발효 90분이 지나면 펀치를 준다. 펀치는 좌, 우, 상, 하로 가볍게 4번 접어주고, 다시 50분간 발효시킨다.

분할·벤치타임

08
1차 발효가 끝나면 235g으로 분할한다.

성형

09
분할한 반죽을 가볍게 접어, 예비성형을 해준다.

10
이음새 부분을 아래로 가게 한 후, 40분간의 벤치타임을 갖는다.

11
벤치타임이 끝난 반죽을 손바닥으로 두드려 가스를 뺀다.

12
길쭉하게 만 후, 양쪽 끝 부분을 뾰족한 바게트 모양으로 만든다.

2차 발효

13
이음새가 위로 가게 캔버스 천에 올려 40분간 2차 발효시킨다.

굽기

14
2차 발효된 반죽을 나무판을 이용해 실리콘페이퍼에 옮긴다.

15
반죽을 실리콘페이퍼에 올릴 때는 반죽 사이의 간격을 충분히 준다.

16
칼집을 넣은 후, 굽는다. 구울 때는 상 240℃, 하 230℃ 오븐에 스팀 주입 후 15분간 구운 다음, 하를 200℃로 내려 10분 더 굽는다.

Whole wheat & spicy sausage

통밀 스파이시 소시지

통밀 바게트 반죽을 이용한 소시지빵으로 통밀의 구수함과 소시지의 매콤함이 잘 어울리는 소시지빵이다. 우리 입맛에 잘 맞을 뿐 아니라 간단한 식사로도 그만이다.

재료

*** 반죽(29개 분량)**

오토리즈 반죽	(g)
강력분	700
통밀 중간 입자	200
통밀 굵은 입자	100
물	710

본 반죽	(g)
오토리즈 반죽	전량
인스턴트드라이이스트(레드)	3
물	20
몰트엑기스	6
소금	20
총중량	**1,759**

*** 충전물(1개당)**

페퍼 맛 소시지	1/2개

*** 갈릭 올리브오일**

올리브오일	100g
슬라이스한 마늘	2쪽
오레가노	적당량

*** 그 외**

통밀 가루	적당량
파슬리	적당량

중요 공정

반죽 1차 발효까지 통밀 바게트 공정과 동일하다.

분할 60g, 길게 예비성형을 한다.

벤치타임 20분

성형 반으로 가른 소시지의 양쪽 끝 부분을 칼로 3등분한 후, 반죽을 길게 늘여 소시지에 말아준다.

2차 발효 28℃ 70% 40분

굽기 스팀 주입, 상 240℃ 하 210℃ 18분 갈릭 올리브오일을 바르고 1분 더 굽는다.

마무리 파슬리를 뿌린다.

Baking Tip

- 소시지의 맛이 매콤하면서 강하기 때문에 반쪽이 아닌, 한 개를 통으로 사용할 때는 반죽의 중량을 늘려주는 것이 좋다.
- 다른 반죽을 사용하여 만들 수도 있는데, 이때는 흰 반죽보다는 잡곡이 들어간 반죽을 사용하는 것이 스파이시 소시지의 맛과 잘 어울린다.

오토리즈 반죽

01
강력분, 통밀 중간 입자, 통밀 굵은 입자, 물을 섞어 오토리즈 반죽을 만든다.

02
수화가 충분히 이루어져 매끄러운 상태가 되면 완성된 것이다.

본 반죽 믹싱

03
오토리즈 반죽에 미리 풀어놓은 이스트, 물, 몰트엑기스를 넣는다.

04
반죽이 충분히 섞인 상태.

05
반죽이 충분히 섞이면 소금을 넣고 믹싱한다.

1차 발효

06
반죽이 완성되면 표면을 매끄럽게 만들어 90분간 1차 발효에 들어간다.

07
1차 발효 90분이 지나면 펀치를 준다. 펀치는 좌, 우, 상, 하로 가볍게 4번 접어주고, 다시 50분간 발효를 시킨다.

분할·벤치타임

08
1차 발효가 끝나면 60g으로 분할하고 길게 모양을 만든 후, 20분간 벤치타임을 갖는다.

소시지 준비

09
페퍼 맛 소시지를 반으로 자른다.

10
소시지 양쪽 끝 부분을 칼로 3등분한다.

성형

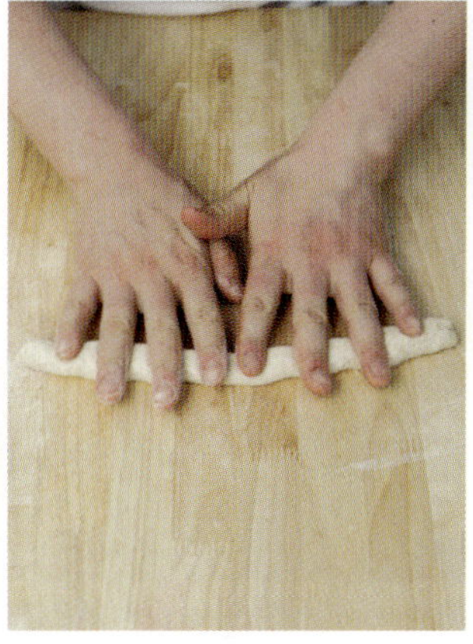

11
벤치타임이 끝난 반죽을 손가락을 이용해 길게 늘인다.

12
이때 반죽은 소시지를 충분히 감을 수 있을 정도로 길게 늘여준다.

13
소시지에 반죽을 감는다. 이때 반죽의 시작과 끝 부분이 소시지의 자른 면으로 오도록 하고 반죽이 풀어지지 않도록 잘 고정시킨다.

14
반죽 표면에 통밀 가루를 묻혀 준다.

2차 발효·굽기

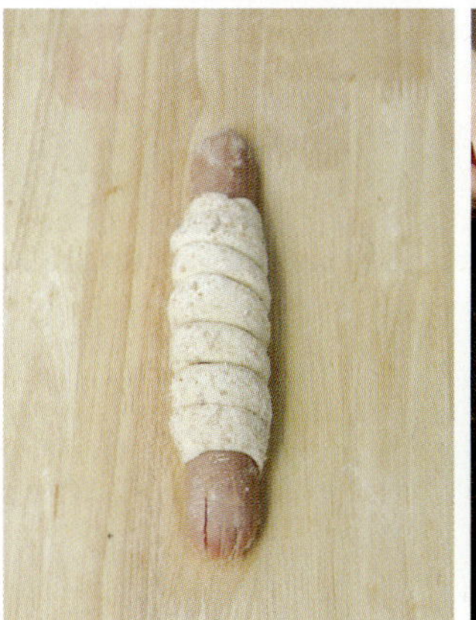

15
40분간 2차 발효에 들어간다. 2차 발효가 끝나면 상 240℃, 하 210℃ 오븐에 스팀 주입 후 18분간 굽는다.

마무리

16
구워져 나오면 갈릭 올리브오일을 바르고 1분 더 굽는다. 마지막으로 파슬리를 뿌려서 장식한다.

Raspberry baguette

산딸기 바게트

잡곡으로 만든 바게트에 새콤달콤한 산딸기 크림을 샌드한 바게트이다. 바게트에 크림을 발라 바게트의 바삭함과 산딸기 크림의 달콤함을 동시에 느낄 수 있다. 많이 먹어도 질리지 않게 먹을 수 있는 잡곡 바게트이다.

재료

* 반죽(9개 분량)	(g)
인스턴트드라이이스트(레드)	20
강력1등급	1,000
스칸디나비아 믹스	250
검은깨	12
소금	2
유산균사워종	130
물	750
호두 분태	130
총중량	2,294

* 버터 크림	(g)
물	20
설탕Ⓐ	100
물엿	25
흰자	50
설탕Ⓑ	25
소금	1
연유	30
팡럼 〈부록 참조〉	12
무염버터	500

* 샌드 크림	(g)
버터 크림	500
산딸기잼	250

* 그 외	
스칸디나비아 믹스 〈부록 참조〉	적당량

중요 공정

믹싱 1단 1분 → 2단 2분 → 3단 2분 → 2단 5분, 100% 믹싱, 반죽온도 26℃

1차 발효 28℃ 70% 60분

분할 250g

벤치타임 30분

성형 둥근 바게트 모양

2차 발효 32℃ 75% 50분

굽기 상 220℃ 하 230℃ 스팀 주입
상 180℃ 하 230℃ 25분

마무리 바게트가 오븐에서 나오면 반으로 갈라서 식힌 다음 크림을 양쪽에 바른 후 덮는다.

버터 크림 부록 참조

Baking Tip

- 스칸디나비아는 곡물 믹스로 소금이 함유되어 있다.
- 바게트가 오븐에서 나왔을 때 바로 반으로 갈라 수분의 이동을 밖으로 빼주면 겉이 더 바삭한 바게트를 얻을 수 있다.
- 스칸디나비아 믹스가 없을 경우에는 크라프트콘 믹스를 사용해도 무관하다.

믹싱

01
이스트를 750g의 물을 조금 덜어 풀어놓는다. 이스트는 활성화되는 데 시간이 걸리기 때문에 28~30℃의 물에 풀어서 사용한다.

02
강력1등급, 스칸디나비아 믹스, 검은깨, 소금, 풀어놓은 이스트, 유산균사워종, 물을 넣고 섞는다.

03
모든 재료가 충분히 섞이면 최종 단계까지 믹싱한다.

04
최종 단계의 상태.

05
믹싱이 끝난 반죽에 호두 분태를 넣고 저속으로 섞어준다.

1차 발효

06
표면을 둥글고 매끄럽게 만들어 60분간 1차 발효시킨다.

07
1차 발효 후의 상태.

분할·벤치타임

08
1차 발효가 끝나면 250g으로 분할한 후, 30분간 벤치타임을 갖는다.

성형

09
벤치타임이 끝나면, 반죽을 손바닥으로 두드려 가스를 빼준다.

10
바게트 모양으로 말아준 후, 마무리는 손가락으로 꼭꼭 집어준다.

11
반죽 표면에 스프레이로 물을 뿌린다.

12
물이 뿌려진 부분을 아래로 하여 굴려 스칸디나비아 믹스를 충분히 묻혀준다.

2차 발효

13
바게트 틀에 올려 2차 발효에 들어간다. 2차 발효는 50분간 충분히 한다.

굽기

14
2차 발효가 끝나면 상 220℃, 하 230℃ 오븐에 스팀 주입 후, 상을 180℃로 내려 25분간 굽는다.

마무리

15
다 구워지면 오븐에서 꺼내 바로 반으로 갈라 바게트 안의 수분을 밖으로 날려준다.

16
샌드 크림을 양쪽에 충분히 발라 완성한다.

Rustic

루스틱

루스틱은 일반 바게트와 비슷하지만 수분의 양이 많아 반죽의 되기가 바게트보다 질기 때문에 속이 더 촉촉하고 겉은 더 바삭한 것이 특징이다. 네모난 모양을 하고 있어 샌드위치를 만들어 먹기에도 좋다.

재료

*** 반죽(10개 분량)**

오토리즈 반죽	(g)
강력분	700
우리밀백밀	300
물	730

본 반죽	(g)
물	30
인스턴트드라이이스트(레드)	4
몰트엑기스	5
오토리즈 반죽	전량
소금	20
총중량	**1,789**

중요 공정

오토리즈 반죽
믹싱 1단 1분 → 2단 2분
반죽온도 22℃, 실온에서 30분 휴지

본 반죽
믹싱 1단 1분 → 2단 2분 → 소금 투입 → 2단 3분 → 3단 1분, 반죽온도 24℃

1차 발효 25℃ 50% 90분 → 펀치 → 40분 → 펀치→ 40분

분할 가로 40㎝ 세로 30㎝
가로 8㎝ 세로 15㎝

2차 발효 25℃ 30~50% 40분

굽기 쿠프, 상 250℃ 하 240℃ 15분

Baking Tip

- 펀치를 여러 번 반복하면 반죽에 탄력이 생기면서 오븐에서의 볼륨이 좋아지고 기공도 크게 열리며 더 구수한 맛이 난다.
- 1차 발효 후 반죽의 최종온도는 18~20℃가 적당하다.

오토리즈 반죽

본 반죽 믹싱

01
강력분, 우리밀백밀, 물을 넣고 재료가 충분히 섞이도록 믹싱한다.

02
완성된 상태는 쉽게 끊어지는 반죽이다. 반죽이 완성되면 30분간 휴지를 준다.

03
30분간 휴지를 주면 수화가 충분히 이루어져 매끄럽고 윤기나는 상태가 된다.

04
미리 물 30g에 풀어놓은 이스트와 몰트엑기스를 넣고 믹싱한다.

1차 발효

05
4가 충분히 섞이면 소금을 넣고 믹싱한다. 믹싱이 끝나면 윤기가 나고 끈기 있는 반죽이 된다.

06
반죽이 완성되면, 90분간 1차 발효에 들어간다.

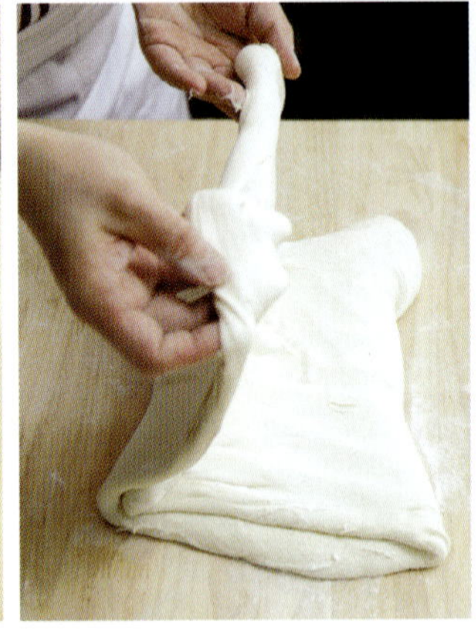

07
1차 발효 90분이 지나면 펀치를 준 후 40분 발효시킨다.

08
40분이 지나면 펀치를 한 번 더 주고 다시 40분 발효시킨다.

분할

09
1차 발효 후의 상태.

10
발효가 끝난 반죽을 가로 40㎝, 세로 30㎝의 직사각형으로 펼친다.

11
가로 8㎝, 세로 15㎝로 재단한다.

12
스크래퍼를 이용해 분할한다.

2차 발효

13
분할한 반죽은 캔버스천에 올려 40분간 2차 발효에 들어간다.

14
2차 발효 후의 상태.

굽기

15
2차 발효가 끝나면 나무판을 이용하여 실리콘페이퍼에 옮긴다.

16
칼집을 넣은 후, 상 250℃, 하 240℃에서 15분간 굽는다. 이때 칼집은 여러 모양으로 자연스럽게 표현할 수 있다.

Garlic baguette

마늘 바게트

천연 항생제로 알려져 있는 마늘로 만든 소스와 바게트가 만났다. 촉촉하고 부드러운 식감 때문에 누구나가 즐겨 찾을 수 있는 달콤한 바게트이다.

재료

* 반죽(19개 분량)	(g)
인스턴트드라이이스트(레드)	15
물	300
우유	300
강력1등급	1,000
설탕	30
생이스트	10
소금	20
분유	20
달걀	1개
유산균사워종	150
무염버터	50
총중량	**1,945**

* 마늘 소스	(g)
버터	240
설탕	150
다진 마늘	10
마늘 분말	9
당근	1/2개

* 그 외	
버터	적당량
파슬리	적당량

중요 공정

믹싱 1단 1분 → 2단 1분 → 버터 투입 → 2단 2분 → 3단 1분 → 2단 2분
반죽온도 28℃

1차 발효 30℃ 75% 50분

분할 100g

벤치타임 20분

성형 짧은 바게트 모양

2차 발효 32℃ 75% 40분

굽기 쿠프·스팀 주입
컨벡션오븐 220℃ 스팀 주입 후
190℃에서 12분, 소스 바르고 4분

마늘 소스 부록 참조

Baking Tip

반죽

- 이스트의 양이 많은 일반적인 바게트이기 때문에 발효시간이 짧다.
- 유산균사워종은 빵의 풍미와 소화를 돕는 역할을 한다.
- 유산균이 없을 경우 70%의 물로 대체한다.

마늘 소스

- 일반적인 마늘 소스는 버터에 재료를 섞는 방식이지만, 이 소스는 직불에서 끓여주는 레시피이므로 타지 않도록 잘 저으며 끓여준다.

믹싱

01
드라이이스트는 30℃의 물을 소량 넣어 풀어준 후, 5분 정도 활성화시킨다.

02
물과 우유는 함께 섞어둔다.

03
믹서볼에 버터를 제외한 모든 재료를 넣는다.

04
재료가 잘 섞이도록 믹싱한다.

05
크린업 단계가 되면 버터를 넣고 믹싱한다.

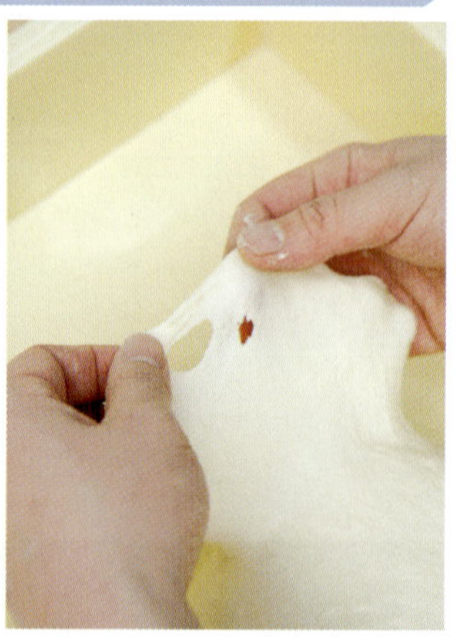

06
얇은 막이 형성되면 완성된 상태이다.

1차 발효

07
반죽이 완성되면 둥글게 말아 50분간 1차 발효에 들어간다.

08
1차 발효 후의 상태.

분할·벤치타임

09

100g으로 분할한 후, 둥글리기하며 20분간 벤치타임을 갖는다.

성형

10

벤치타임이 끝난 반죽을 손바닥으로 가볍게 두드려 가스를 빼준 후, 위에서 아래로 접듯이 말아준다.

11

마무리는 손바닥 끝을 이용하여 꼼꼼하게 눌러준다.

2차 발효

12

성형한 반죽을 바게트 틀에 올려 40분간 2차 발효시킨다.

굽기

13

2차 발효가 끝나면 바게트 가운데 칼집을 넣는다. 칼집을 넣을 때는 가운데를 중심으로 양쪽으로 두 번 넣는다.

14

칼집을 넣은 부분에 버터를 짜 넣어 벌어짐을 좋게 하고 220℃로 예열한 컨벡션오븐에 스팀 주입 후 190℃에서 12분간 굽는다.

마무리

15

바게트가 구워져 나오면 벌어진 부분에 마늘 소스를 발라준다.

16

파슬리를 적당히 뿌려주고 190℃ 오븐에서 4분 더 굽는다.

PART 03
캉파뉴

Apricot campagne

애프리콧 캉파뉴

통밀이 들어간 캉파뉴에 살구를 넣어 고소하면서도 새콤하게 먹을 수 있는 캉파뉴다. 살구와 함께 씹혀 더 부드러우며 살구의 풍미로 캉파뉴의 맛을 더 향긋하게 느낄 수 있다.

재료

*** 반죽(9개 분량)**

오토리즈 반죽	(g)
강력분	800
통밀 중간 입자	200
물	720

본 반죽	(g)
오토리즈 반죽	전량
생이스트	4
물	10
화이트 르방	100
소금	20

*** 충전물**	(g)
건살구	320
디종 애프리콧 〈부록 참조〉	32
총중량	**2,206**

중요 공정

오토리즈 반죽
믹싱 1단 1분 → 2단 2분
실온에서 30분 휴지, 반죽온도 22℃

본 반죽
믹싱 1단 1분 → 2단 1분 → 소금 투입 → 2단 3분, 반죽온도 26℃

1차 발효 25℃ 50% 60분→
펀치(살구 넣고 접기) → 40분

분할 245g

벤치타임 20분

성형 뾰족한 타원형

2차 발효 25℃ 50% 60분

굽기 쿠프·스팀 주입
상 240℃ 하 230℃ 25분

Baking Tip

- 살구를 끓는 물에 넣어 부드럽게 만들어 식힌 후, 리큐르를 넣고 24시간 이상 놓아둔 후 사용하면 더 맛있다.
- **후염법** : 소금을 믹싱 중간에 투입하는 이유는 이스트의 활성을 방해하지 않고 글루텐을 강하게 만들어 반죽의 탄력을 좋게 하기 위함이다. 이것은 오븐스프링에 영향을 주게 된다. 주로 저배합 반죽에 사용하는데 바게트나 캉파뉴류에 사용한다.

오토리즈 반죽

01
강력분, 통밀 중간 입자에 물을 섞어 오토리즈 반죽을 만든다.

02
수화가 충분히 이루어져 매끄러운 상태가 되면 완성된 것이다.

본 반죽 믹싱

03
오토리즈 반죽에 생이스트, 물, 화이트 르방을 넣고 믹싱한다.

04
3이 충분히 섞이면 소금을 넣고 믹싱한다.

1차 발효

05
반죽이 끝나면 60분간 1차 발효에 들어간다.

06
1차 발효 60분이 지나면 펀치를 준다.

07
펀치를 줄 때는 건살구를 넣고 접어준다.

08
상, 하, 좌, 우 접어 줄 때마다 충전물(살구)을 넣고 접어준다.

분할·벤치타임

성형

09
펀치가 끝나면 표면을 매끄럽게 만든 후, 40분 더 발효시킨다.

10
1차 발효가 끝나면 245g으로 분할을 하고 둥글게 말아준다.

11
표면을 매끄럽게 만든 후, 20분간 벤치타임을 갖는다.

12
벤치타임이 끝나면 위에서 아래로 가볍게 말아준다.

13
마무리는 손바닥 끝으로 꾹꾹 눌러준다.

14
양끝은 뾰족하게 빼준다.

2차 발효

15
이음새를 위로 가게 하여 캔버스천에 올린 후, 60분간 2차 발효에 들어간다.

굽기

16
2차 발효가 끝나면 칼집을 넣고 상 240℃, 하 230℃ 오븐에 스팀 주입 후 25분간 굽는다.

Squash cream cheese campagne

단호박 크림치즈 캉파뉴

단호박을 넣은 캉파뉴에 크림치즈를 더해 부드럽고 촉촉한 맛을 느낄 수 있다. 소스나 드레싱 없이 크림치즈와 단호박만으로도 훌륭한 맛을 느낄 수 있다.

재료

*** 반죽(9개 분량)**

오토리즈 반죽	(g)
강력분	800
통밀 중간 입자	200
물	720

본 반죽	(g)
오토리즈 반죽	전량
생이스트	4
물	10
화이트 르방	100
소금	20
총중량	**1,854**

*** 충전물(1개당)**	(g)
삶은 단호박	적당량
크림치즈	30

*** 단호박 삶기**	(g)
설탕	150
물	300
단호박 깍둑썰기	적당량

*** 그 외**	
물	적당량
볶은 현미	적당량

중요 공정

반죽 1차 발효까지 애프리콧 캉파뉴 공정과 동일하다.

분할 205g

벤치타임 20분

성형 삶은 단호박과 크림치즈를 넣고 말아준다. 반죽 표면에 물을 바르고 볶은 현미를 묻힌다.

2차 발효 50분

굽기 상 240℃ 하 220℃ 30분

단호박 삶기 설탕과 물을 넣고 끓인 후 깍둑썰기한 단호박을 넣고 익힌 다음 체에 걸러 사용한다.

Baking Tip

- 단호박은 깍둑썰기하여 시럽에 살짝 익힌다.
- 성형할 때는 손으로 반죽을 펴고 충전물을 골고루 놓고 말아준다.

분할·벤치타임

01
반죽은 애프리콧 캉파뉴와 동일하다. 1차 발효된 반죽을 205g으로 분할한다.

02
분할한 반죽을 반으로 접어 표면을 매끄럽게 해준다.

03
반죽을 반대 방향으로 돌려 다시 반으로 접어 약간 타원형으로 만들어준다.

04
끝 부분을 아래로 가게 말아 준다.

05
20분간 벤치타임을 갖는다.

성형

06
단호박은 삶은 후 체에 걸러 물기를 빼 놓는다.

07
벤치타임이 끝난 반죽을 넓게 편 후, 그 위에 단호박을 적당한 간격으로 놓는다.

08
단호박 사이에 크림치즈를 짜 준다.

09
위에서 아래로 둥글게 말아 준다.

10
단호박과 크림치즈가 여러 번 말아지도록 만다.

11
단호박과 크림치즈가 밖으로 나오지 않도록 꼼꼼하게 말아준다.

12
끝 부분이 아래로 가도록 놓는다.

13
반죽 표면에 붓으로 물을 발라준다.

14
물을 바른 부분을 아래로 하여 볶은 현미를 충분히 묻혀준다.

2차 발효

15
실리콘페이퍼에 올린 후 50분간 2차 발효시킨다.

굽기

16
가위를 이용하여 칼집을 넣은 후, 상 240℃, 하 220℃ 오븐에 30분간 굽는다. 볶은 현미는 높은 온도에서 구워도 타지 않고 구수한 맛을 낸다.

Golden raisin campagne

골든레이즌 캉파뉴

빵 속에 보리가 들어가 씹는 맛이 좋고 시간이 지나도 식감을 유지하는 특징이 있다. 중간에 씹히는 골든레이즌과 보리와의 궁합도 좋다.

재료

*** 반죽(13개 분량)**

오토리즈 반죽	(g)
강력분	600
통밀 굵은 입자	200
통밀 중간 입자	200
물	670

본 반죽	(g)
오토리즈 반죽	전량
찰보리 르방	150
생이스트	15
물	20
몰트엑기스	5
무염버터	40
소금	20

*** 충전물**	(g)
골든레이즌	350
삶은 보리	200
커런트	200
총중량	**2,670**

*** 그 외**

세몰리나 〈부록 참조〉	적당량

중요 공정

오토리즈 반죽
믹싱 1단 1분 → 2단 2분
반죽온도 23℃, 실온에서 30분 휴지

본 반죽
믹싱 1단 1분 → 2단 1분 → 소금 투입 → 2단 4분 → 충전물 혼합, 반죽온도 25℃

1차 발효 25℃ 50% 60분 → 펀치 → 40분

분할 205g

벤치타임 25분

성형 둥근 타원형

2차 발효 25℃ 50% 50분

굽기 스팀 주입, 상 240℃ 하 220℃ 25분

Baking Tip

- 보리는 압착보리를 삶거나 쪄서 사용한다. 사용하고 남은 보리는 일정기간 냉동고에 보관 후 해동하여 사용할 수 있다.
- 골든레이즌에 열을 가하면 색이 변할 수 있기 때문에 미지근한 물에 30분 정도 불린 후 체에 걸러 물기를 빼주고, 오렌지 계통의 리큐르를 레이즌 양의 10% 정도 넣어 하루 이상 보관 후 사용한다.

오토리즈 반죽

01
믹서볼에 강력분, 통밀 굵은 입자, 통밀 중간 입자, 물을 넣고 믹싱한다.

02
믹싱이 끝나면 실온에서 30분 휴지시킨다.

03
휴지시킨 반죽은 수화가 충분히 이루어져 매끄럽고 쫀득한 상태인 것을 확인할 수 있다.

본 반죽 믹싱

04
오토리즈 반죽에 찰보리 르방, 생이스트, 몰트엑기스를 넣고 믹싱한 후 버터를 첨가한다. 이때 찰보리 르방은 조금씩 떼어 넣고, 생이스트는 물에 풀어 넣는다.

05
4가 충분히 섞이면 소금을 넣고 믹싱한다.

06
반죽이 끝나면 충전물을 넣고 스크래퍼를 이용하여 반죽을 잘라 올리며 골고루 섞어준다.

1차 발효

07
충전물이 다 섞이면 둥글게 말아 60분간 1차 발효에 들어간다.

08
1차 발효 60분이 지나면 펀치를 좌, 우, 상, 하로 4번 접어준다. 펀치를 줄 때는 손바닥으로 살짝 눌러준다는 느낌으로 준다.

분할·벤치타임

성형

09
펀치를 줌으로써 반죽에 탄력이 생기며 새로운 가스가 발생하게 된다. 접힌 면을 아래로 가게 한 후, 40분 더 발효시킨다.

10
1차 발효 후의 상태.

11
1차 발효가 끝나면 205g씩 분할한 후, 반죽을 아래에서 위로 가볍게 말아준다. 다시 방향을 돌려 말아서 표면을 매끄럽게 만들어준다. 25분간 벤치타임을 갖는다.

12
벤치타임이 끝나면 손바닥으로 살짝 두드려 가스를 빼주고 위에서 아래로 말아준다.

2차 발효

굽기

13
끝 부분을 손가락 끝으로 눌러 조금 넓게 늘인 후 세몰리나를 뿌린다. 이때 너무 많은 양의 세몰리나를 뿌리면 굽는 과정에서 과다하게 벌어질 수 있으니 주의한다.

14
끝 부분을 위로 올려 말아준다.

15
이음새가 아래 정가운데에 위치하도록 팬닝하는 것이 중요하다. 캔버스천에 올린 후 50분간 2차 발효에 들어간다.

16
2차 발효가 끝나면 반죽을 뒤집어서 이음새가 위로 향하도록 팬닝한다. 상 240℃, 하 220℃ 오븐에 스팀 주입 후 25분간 굽는다.

Blueberry & chestnut campagne

블루베리 체스너트 캉파뉴

블루베리와 보늬밤을 넣어 만든 이 캉파뉴는 발효와 굽는 과정을 통해 풍미가 더해져 씹을 때마다 밤과 블루베리의 독특한 풍미를 느낄 수 있다.

재료

＊ 반죽(8개 분량)

오토리즈 반죽	(g)
강력분	600
우리밀통밀	300
호밀	100
물	740

본 반죽	(g)
오토리즈 반죽	전량
몰트엑기스	5
생이스트	6
물	10
찰보리 르방	150
소금	20

＊ 충전물	(g)
건조 블루베리	100
보늬밤 〈부록 참조〉	150
총중량	**2,181**

중요 공정

오토리즈 반죽
믹싱 1단 1분 → 2단 2분, 반죽온도 23℃
실온에서 30분 휴지

본 반죽
믹싱 1단 1분 → 2단 2분 → 소금 투입 → 2단 5분 → 충전물 혼합, 반죽온도 24℃

1차 발효 25℃ 50% 50분 → 펀치 → 40분 → 펀치 → 30분

분할 272g

벤치타임 20분

성형 긴 타원형

2차 발효 25℃ 50% 50분

굽기 쿠프·스팀 주입
상 240℃ 하 220℃ 30분

Baking Tip

- 찰보리 르방이 없으면 화이트 르방이나 다른 르방을 넣어도 무방하다.
- 르방을 넣지 않을 경우 1차 발효 시간을 40분 늘린다.
- 건조 블루베리는 블루베리 리큐르를 블루베리 무게의 10% 넣고 하루 이상 보관 후 사용한다.

오토리즈 반죽

본 반죽 믹싱

01
강력분, 우리밀통밀, 호밀에 물을 넣고 믹싱한다.

02
오토리즈 믹싱이 끝난 상태.

03
오토리즈 반죽이 완성되면 매끄럽고 충분한 수화가 이루어진 것을 알 수 있다.

04
오토리즈 반죽에 몰트엑기스를 넣고 생이스트는 물에 풀어서 넣는다.

05
찰보리 르방을 작은 크기로 떼어 넣는다.

06
5가 충분히 섞이면 소금을 넣고 믹싱한다.

07
반죽이 끝나면 전처리한 블루베리와 보늬밤을 넣는다.

08
밤이 부서지지 않도록 손으로 접어가며 섞어준다.

1차 발효

09
충전물이 다 섞이면 둥글게 말아 50분간 1차 발효에 들어간다.

10
1차 발효 50분이 지나면 펀치를 준다.

11
펀치를 줄 때는 좌, 우를 먼저 3등분하여 접어준다.

12
그리고 아래와 위를 3등분하여 접어준다.

13
뒤집어서 40분간 발효에 들어간다.

14
40분이 지나면 다시 한 번 더 펀치를 준다.

15
1차 때와 같은 방법으로 좌, 우, 상, 하로 4번 접어준다.

TIP
펀치를 두 번 반복해주면 처져 있던 반죽에 좀 더 탄력이 생기고 오븐스프링도 더 좋아져 좋은 속 결의 빵을 만들 수 있다.

분할·벤치타임

16
뒤집어 판에 올린 후 30분간 발효에 들어간다.

17
1차 발효 후의 상태. 반죽의 상태를 보면 힘이 더 좋아진 것을 알 수 있다.

18
1차 발효가 끝나면 272g으로 분할한다.

19
분할한 반죽은 가볍게 둥글리기한다.

성형

20
끝 부분을 아래로 가게 하여 20분간 벤치타임을 갖는다.

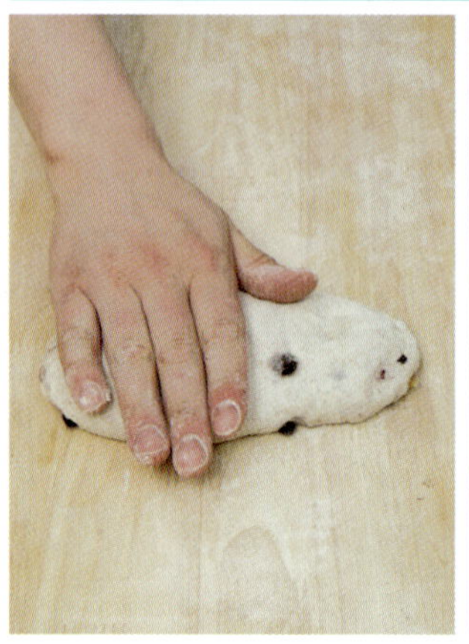

21
벤치타임이 끝나면 반죽을 손바닥으로 가볍게 두드려 가스를 빼준다.

22
가스를 뺀 후, 위에서 아래로 말아준다.

23
이때 끝 부분은 조금 남겨두고 손가락으로 꾹꾹 눌러준다.

24
조금 남겨둔 부분에 덧가루를 뿌린다.

25
덧가루를 뿌린 후 끝까지 말아준다. 이때의 덧가루는 빵이 자연스럽게 벌어지는 모양을 만드는 역할을 한다.

26
엄지손가락으로 꼭꼭 눌러 마무리한다.

2차 발효

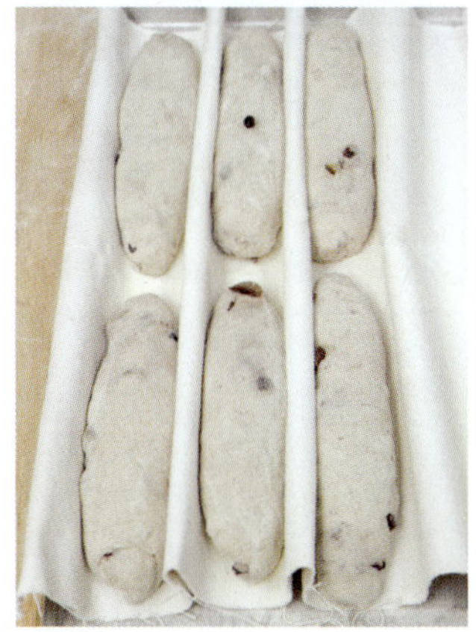

27
캔버스천에 이음새가 아래로 가도록 놓은 후, 50분간 2차 발효시킨다.

굽기

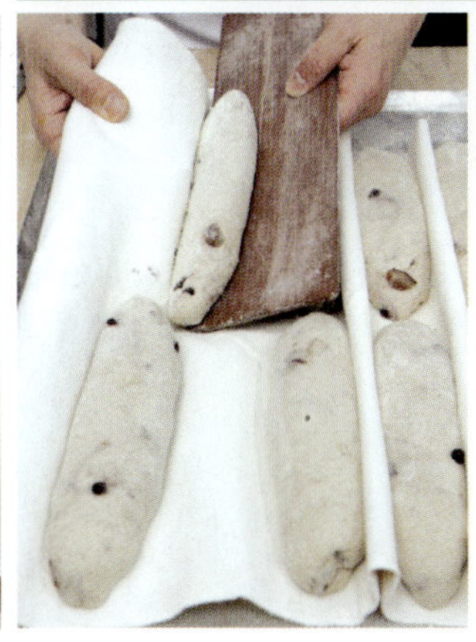

28
2차 발효가 끝나면 나무판을 이용해 실리콘페이퍼에 옮긴다.

29
이음새가 위로 가도록 팬닝한 후, 옆면에 칼집을 넣는다. 상 240℃, 하 220℃ 오븐에 스팀 주입 후, 30분간 굽는다.

Barley campagne

찰보리 캉파뉴

우리 농산물인 찰보리에는 식이섬유가 쌀의 50배, 밀의 7배 함유되어 있다. 이러한 찰보리를 사용한 반죽에 찰보리 르방을 넣어 풍미 깊은 캉파뉴를 만들었다.

재료

* 반죽(9개 분량)	(g)
강력분	900
찰보리 강력분	100
찰보리 르방	300
몰트엑기스	6
유산균사워종	50
생이스트	3
물	740
소금	20

* 충전물	(g)
커런트	150
총중량	**2,269**

중요 공정

믹싱 1단 1분 → 2단 2분 → 소금 투입 → 2단 5분 → 3단 1분 → 충전물 혼합, 반죽온도 25℃

1차 발효 90분 → 펀치 → 50분 25℃ 50%

분할 250g

벤치타임 40분

성형 뾰족한 타원형

2차 발효 25℃ 50% 40분

굽기 쿠프·스팀 주입 상 240℃ 하 220℃ 20분

Baking Tip

- 찰보리는 수분을 많이 흡수하고 찰지기 때문에 믹싱할 때 오버되지 않도록 주의한다.
- 르방이 많이 들어가므로 신맛이 조금 강한 느낌의 캉파뉴다.
- 유산균사워종이 없을 경우 30g의 물로 대체한다.

믹싱

1차 발효

01

강력분, 찰보리 강력분, 찰보리 르방, 몰트엑기스, 유산균 사워종, 물에 푼 생이스트를 넣고 믹싱한다.

02

크린업 단계가 되면 소금을 넣고 믹싱을 한다.

03

반죽이 완성되면 커런트를 넣고 스크래퍼를 이용해 잘라 올리며 골고루 섞는다.

04

다 섞이면 둥글게 말아 90분간 1차 발효에 들어간다.

분할·벤치타임

05

1차 발효 90분이 지나면 펀치를 주어 탄력 있는 반죽을 만든다.

06

펀치는 상, 하, 좌, 우로 4번 접어준다. 찰보리가 들어가 다른 반죽보다 찰지고 매끄럽다.

07

1차 발효 후의 상태.

08

250g으로 분할하고 가볍게 말아서 40분간 벤치타임을 갖는다.

성형

09
벤치타임이 끝나면 손바닥으로 살짝 두드려 가스를 빼준다.

10
가스를 뺀 후 위에서 아래로 가볍게 말아준다.

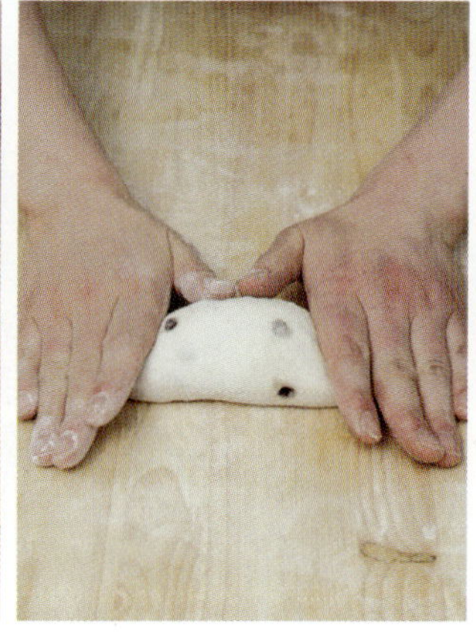

11
양 끝 부분을 뾰족한 모양이 되도록 성형한다.

12
끝 부분을 살짝 잡아당겨 뾰족하게 만든다.

2차 발효

13
캔버스천에 올려 40분간 2차 발효시킨다.

굽기

14
2차 발효가 끝나면 반죽을 실리콘페이퍼에 옮긴다.

15
이때 반죽의 아래쪽이 위를 향하게 놓는다.

16
가운데 한 번 빠르게 칼집을 넣는다. 상 240℃, 하 220℃ 오븐에 스팀 주입 후 20분간 굽는다.

Chocolate cranberry campagne

초코 크랜베리 캉파뉴

초코 크랜베리 캉파뉴는 찰보리 르방과 유산균을 넣어 촉촉하고 풍미가 뛰어나다. 또 라이스 크로칸트와 함께 먹기 때문에 바삭한 식감을 함께 즐길 수 있다.

재료

* 반죽(21개 분량)	(g)
강력분	1,050
우리밀백밀	450
소금	30
설탕	120
코코아	150
찰보리 르방	300
유산균사워종	150
생이스트	8
물	1,020

* 충전물	(g)
건살구	270
크랜베리	270
화이트초콜릿	270
총중량	**4,088**

* 그 외	
라이스 크로칸트	적당량

중요 공정

믹싱 1단 1분 → 2단 3분 → 3단 2분 → 2단 3분 → 충전물 혼합, 반죽온도 26℃

1차 발효 25℃ 50% 80분

분할 194g

벤치타임 30분

성형 둥글게 말아준 후 라이스 크로칸트를 묻힌다.

2차 발효 25℃ 70% 80분

굽기 쿠프·스팀 주입
상 230℃ 하 210℃ 18분

Baking Tip

- 이 제품은 충전물이 많이 들어가기 때문에 섞는 과정에서 충분히 섞어준다.
- 화이트초콜릿이 들어가기 때문에 반죽 온도가 높거나 발효실 온도가 너무 높으면 녹을 수 있다.
- 찰보리 르방이 들어가기 때문에 장시간 발효하게 되면 산미가 더 강해질 수도 있어, 먹는 사람의 취향에 따라 발효시간을 조정하는 것이 좋다.
- 건살구와 크랜베리는 리큐르에 전처리 후 사용한다.

믹싱

1차 발효

01
강력분, 우리밀백밀, 소금, 설탕, 코코아, 찰보리 르방, 유산균사워종, 생이스트, 물을 넣고 믹싱한다. 이때 생이스트는 계량된 물을 소량 덜어서 풀어준 후 넣는다.

02
건살구는 3등분해서 준비한다.

03
완성된 반죽에 전처리한 건살구와 크랜베리, 화이트초콜릿을 넣고 스크래퍼로 잘라 올리며 섞어준다.

04
3이 충분히 섞이면 80분간 1차 발효에 들어간다.

분할·벤치타임

성형

05
1차 발효 후의 상태. 80분의 발효가 부족하거나 반죽에 힘이 없으면 펀치를 주는 것도 좋은 방법이다.

06
1차 발효된 반죽을 194g씩 분할하여 둥글게 말아주고 30분간의 벤치타임을 갖는다.

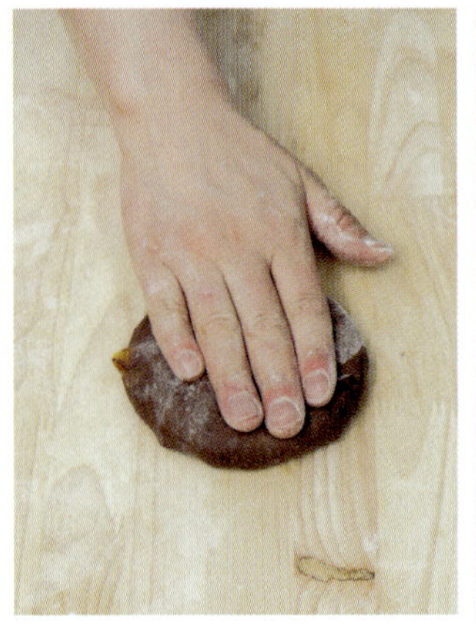

07
벤치타임이 끝난 반죽을 손으로 가볍게 눌러 가스를 빼준다.

08
원형으로 만든 후 위에서 아래로 둥글게 말아준다.

09
손바닥 끝으로 꾹꾹 눌러주며 마무리한다.

10
끝 부분은 손가락으로 다시 한 번 꼭꼭 집어준다.

11
삼각형으로 성형할 때는 손바닥으로 누른 후 세 곳을 접어서 삼각형으로 만든다.

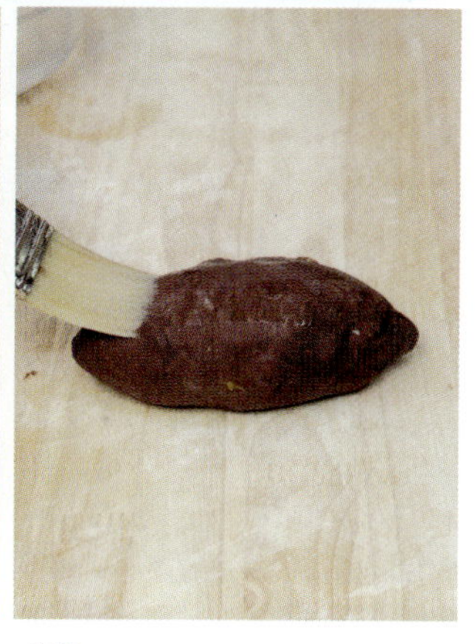

12
반죽 표면에 물을 발라준다.

13
물 묻은 부분을 아래로 하여 라이스 크로칸트를 묻혀준다.

2차 발효

14
실리콘페이퍼 위에 올려 80분간 2차 발효에 들어간다.

굽기

15
2차 발효가 끝나면 위에서 아래로 강하게 한 번 칼집을 넣는다.

16
삼각형의 경우에는 세 곳에 칼집을 넣는다. 상 230℃, 하 210℃ 오븐에 스팀 주입 후 18분간 굽는다.

Fruits campagne

프루츠 캄파뉴

다섯 가지 과실을 넣어 여러 가지 맛을 느낄 수 있는 캄파뉴다. 다른 캄파뉴에 비해 부드럽고 달콤해서 누구나 맛있게 먹을 수 있다. 잼을 곁들이거나 간단한 샌드위치로 만들어 먹어도 좋다.

재료

＊ 반죽(14개 분량)

풀리쉬 반죽	(g)
생이스트	5
물	450
강력분	450

본 반죽	(g)
풀리쉬 반죽	전량
강력분	750
우리밀통밀	300
설탕	60
소금	30
생이스트	15
물	600
유산균사워종	150
버터	40

＊ 충전물	(g)
호두 분태	100
사과 다이스 〈부록 참조〉	180
커런트	150
크랜베리	150
총중량	**3,430**

＊ 그 외

밀가루	적당량

중요 공정

풀리쉬 반죽
믹싱 나무주걱으로 충분히 섞어준다.
반죽온도 25℃, 26℃ 50% 240분 발효

본 반죽
믹싱 1단 1분 → 2단 2분 → 버터 투입 → 3단 2분 → 2단 3분 → 충전물 혼합
반죽온도 26℃

1차 발효 28℃ 75% 60분 → 펀치 → 40분

분할 245g

벤치타임 25분

성형 둥근 타원형

2차 발효 28℃ 70% 50분

굽기 쿠프·스팀주입
상 230℃ 하 200℃ 20분

Baking Tip

- 충전물이 많이 들어가는 캄파뉴이며 약간의 설탕과 버터가 들어가는 반죽이라서 부드러운 느낌의 캄파뉴다.
- 사과 다이스는 시럽에 전처리한 것으로, 없을 경우는 사과를 깍둑썰기해서 넣어도 좋다.

풀리쉬 반죽

01
생이스트는 30℃ 소량의 물을 사용하여 완전히 풀어준다.

02
생이스트가 풀어지면 나머지 물과 강력분을 넣어 주걱으로 충분히 섞어서 풀리쉬 반죽을 완성한다.

03
발효가 끝난 풀리쉬 반죽은 거품이 크고 가벼운 발효반죽의 느낌이 나며 수평을 유지한다.

TIP
반죽이 꺼지기 시작하면 발효가 지나치게 된 것이므로 그 전에 냉장고에 넣으면 시간을 연장할 수도 있다.

본 반죽 믹싱

04
버터를 제외한 나머지를 넣고 믹싱한다. 크린업 단계가 되면 버터를 넣고 믹싱한다.

05
반죽이 끝난 상태는 매끄럽고 윤기가 난다.

06
시럽에 전처리한 사과와 나머지 충전물을 넣고 스크래퍼를 이용하여 반죽을 잘라 올려가며 충전물이 으깨지지 않도록 섞어준다.

1차 발효

07
반죽이 다 섞이면 둥글게 말아 60분간 1차 발효에 들어간다.

분할·벤치타임

성형

08
1차 발효 60분이 되면 펀치를 준다. 펀치는 좌, 우, 상, 하로 4번 접어준다.

09
펀치를 준 후, 40분간 발효시킨다.

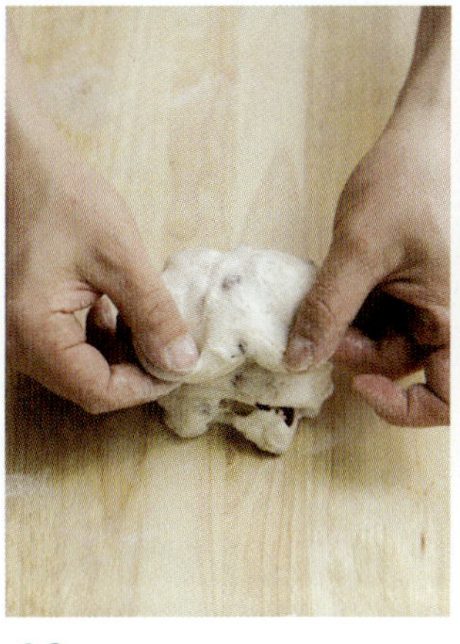

10
발효가 끝나면 245g씩 분할한 후, 가볍게 접어서 25분간의 벤치타임을 갖는다.

11
벤치타임이 끝나면 손바닥으로 가볍게 두드려 가스를 뺀다.

2차 발효

굽기

12
위에서 아래로 말아준 후, 마무리는 손가락으로 꼭꼭 집어준다.

13
성형이 끝나면 실리콘페이퍼에 올려 50분간 2차 발효에 들어간다. 발효실 상태에 따라 발효시간을 조절한다.

14
2차 발효가 끝나면 윗면에 밀가루를 살짝 뿌린다.

15
반죽 가운데 위에서 아래로 한 번 칼집을 넣는다. 상 230℃ 하 200℃ 오븐에 스팀 주입 후 20분간 굽는다.

Whole wheat campagne

통밀 캉파뉴

통밀에는 사람 몸에 해로운 균을 제거해주는 면역 기능과 노화억제 기능이 있다고 한다. 그대로 먹어도 맛있지만 크림치즈나 파스트라미 같은 햄을 넣어 샌드위치로 만들어 먹으면 한 끼 식사로도 든든하다.

재료

＊반죽(3개 분량)

중종 반죽	(g)
생이스트	3
물	370
강력분	500
소금	10

본 반죽	(g)
우리밀통밀	250
통밀 중간 입자	250
중종 반죽	전량
몰트엑기스	8
화이트 르방	200
버터	15
생이스트	5
물	340
소금	10
총중량	**1,961**

＊그 외

통밀 가루	적당량

중요 공정

중종 반죽
믹싱 저속 1분 → 중속 2분
반죽온도 23℃, 28℃ 70% 180분 발효

본 반죽
믹싱 저속 1분 → 중속 2분 →
소금 투입 → 중속 4분, 반죽온도 24℃

1차 발효 25℃ 30~50% 50분 →
펀치 → 40분

분할 653g

성형 바네통에 넣는다.

2차 발효 25℃ 30~50% 60분

굽기 쿠프·스팀 주입
상 230℃ 하 230℃ 15분 후 →
상 230℃ 하 210℃ 15분

Baking Tip

- 1차 발효 시간은 계절에 따라 유동적이므로 가을, 겨울철에는 발효시간을 더 길게 잡아준다.
- 저온숙성으로 발효하고자 할 경우 1차 발효에서 펀치를 주고 5℃의 냉장고에서 13~16시간 저온 발효할 수 있다.

중종 반죽

01
생이스트는 소량의 물을 사용하여 충분히 풀어준 후 나머지 물을 넣고 섞는다.

02
강력분과 소금을 넣고 단단한 주걱을 사용하여 잘 섞어준다. 믹서를 사용하여 만들 수도 있다.

03
발효실에 넣어 100% 발효시킨다.

TIP
발효가 끝나면 섬유질이 충분히 형성된다. 온도가 낮을 경우에는 발효시간을 연장해서 충분한 발효가 이루어지도록 해주는 것이 중요하다.

본 반죽 믹싱

04
우리밀통밀, 통밀 중간 입자에 중종 반죽을 넣고 몰트엑기스, 화이트 르방, 버터, 생이스트, 물을 넣고 믹싱한다. 크린업 단계가 되면 소금을 넣고 믹싱한다.

1차 발효

05
반죽이 완성되면 50분간 1차 발효에 들어간다.

06
1차 발효 50분이 되면 펀치를 준다.

07
펀치는 좌, 우, 상, 하로 가볍게 두드리며 4번 접어주고, 40분간 발효에 들어간다.

분할

성형

08
1차 발효가 끝나면 653g으로 분할한다.

09
바네통은 통밀 가루를 골고루 뿌려서 준비한다.

10
분할한 반죽은 벤치타임 없이 바로 둥글리기한다. 끝 부분을 가운데로 모아 꼼꼼하게 마무리한다.

11
그 상태로 바네통에 넣는다.

2차 발효

굽기

12
반죽 가운데 부분을 살짝 눌러준 후, 60분간 2차 발효에 들어간다.

13
2차 발효 후의 상태.

14
2차 발효가 끝나면 실리콘페이퍼에 충분한 간격을 두고 뒤집어서 올린다.

15
+자 모양으로 칼집을 넣는다. 상 230℃, 하 230℃ 오븐에 스팀 주입 후 15분간 구운 후, 하를 20℃ 내려 15분간 더 굽는다.

Rye & figs campagne

호밀 무화과 캉파뉴

열량이 낮아 다이어트에도 도움이 되는 호밀을 스폰지법으로 발효시킨 뒤 르방을 넣어 더욱 건강하게 만든 캉파뉴다. 호밀의 거친 맛과 향이 충전물의 맛과 잘 어울린다.

재료

＊ 반죽(11개 분량)

중종 반죽	(g)
생이스트	1
물	340
호밀	190
강력분	190
소금	2

본 반죽	(g)
강력분	375
우리밀통밀	188
호밀	188
화이트 르방	100
꿀	30
중종 반죽	전량
레이즌 액종	75
물	330
소금	20

＊ 충전물	(g)
레이즌	100
크랜베리	100
무화과	150
총중량	**2,379**

중요 공정

중종 반죽
믹싱 저속 1분 → 중속 2분
반죽온도 23℃, 26℃ 40% 240분 발효

본 반죽
믹싱 1단 1분 → 2단 4분 → 충전물 혼합
반죽온도 26℃

1차 발효 25℃ 50% 60분

분할 216g

벤치타임 15분

성형 둥근 원형

2차 발효 25℃ 50% 40분

굽기 쿠프·스팀 주입
상 230℃ 하 210℃ 22분

Baking Tip

- 레이즌 액종은 빵의 풍미와 활성을 좋게 해주는 역할을 한다.
- 충전물로 사용한 무화과는 반건조 무화과를 시럽에 끓여서 식힌 다음 럼에 하루 이상 보관한 후 사용한다.
- 호밀이 많이 들어간 반죽들은 믹싱을 저속에서 짧게 한다. 발효시간이 길어지면 퍼석한 식감이 느껴져 맛이 떨어진다.
- 우리밀통밀이 없을 경우 중력분이나 전립분을 사용해도 된다.

중종 반죽

01
생이스트에 소량의 물을 넣어 풀어준 다음 나머지 물을 부어준다.

02
호밀, 강력분, 소금을 넣고 충분히 섞어준 다음 발효시킨다.

03
발효가 끝나면 충분한 섬유질이 형성된다.

TIP
발효가 충분히 되지 않은 경우 굽는 과정에서 색이 잘 나지 않고 오븐스프링도 적게 일어나서 딱딱한 호밀빵이 된다.

본 반죽 믹싱

04
강력분, 우리밀통밀, 호밀을 믹서볼에 넣고 화이트 르방, 꿀, 중종 반죽, 레이즌 액종, 물, 소금을 넣고 저속으로 믹싱한다.

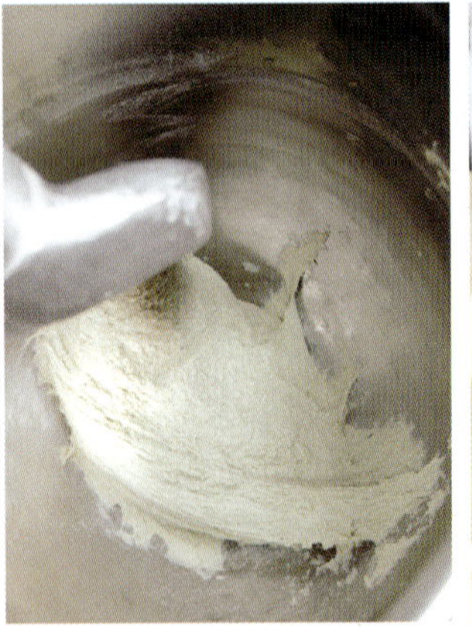

05
믹싱이 길어지면 반죽이 끈적거리고 발효가 잘 안 되기 때문에 저속에서 5분을 넘지 않도록 한다.

06
반죽이 완성되면 전처리한 무화과와 나머지 충전물을 넣고 스크래퍼를 사용하여 반죽을 잘라 올리며 섞어준다.

1차 발효

07
충전물이 다 섞이면 둥글게 말아 60분간 1차 발효에 들어간다.

분할·벤치타임

성형

08
1차 발효 후의 상태.

09
1차 발효가 끝나면 216g으로 분할한다.

10
분할한 반죽은 충전물이 안으로 들어갈 수 있도록 말아 준 후, 15분간 벤치타임을 갖는다.

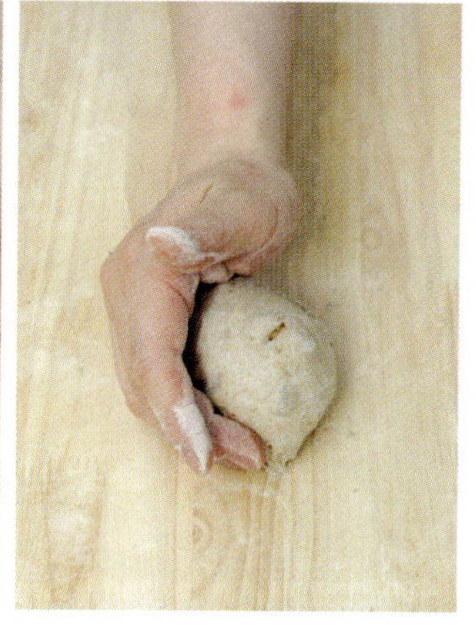

11
벤치타임이 끝나면 가볍게 둥글리기한다.

2차 발효

굽기

12
둥글리기를 강하게 하면 이음새 부분이 벌어지기 때문에 부드럽게 살짝만 한다.

13
캔버스천에 이음새가 위로 가도록 놓은 후 40분간 2차 발효에 들어간다.

14
2차 발효가 끝나면 이음새가 아래로 가도록 해 실리콘페이퍼에 옮긴다.

15
+자로 칼집을 넣는다. 상 230℃, 하 210℃ 오븐에 스팀 주입 후 22분간 굽는다.

Apple & golden raisin campagne

애플 골든레이즌 캉파뉴

저온숙성으로 장시간 발효시켜 감칠맛이 날 뿐아니라 사과의 새콤한 맛이 반죽의 신맛과 잘 어울리는 캉파뉴다.
골든레이즌의 달콤함이 숙성 기간 더 좋은 맛을 내며 사과의 씹는 맛으로 인해 더욱 맛있다.

재료

*** 반죽(9개 분량)**

오토리즈 반죽	(g)
강력분	900
호밀	100
물	740

본 반죽	(g)
생이스트	10
물	20
오토리즈 반죽	전량
소금	20

*** 충전물**	(g)
건조 애플레드스킨 〈부록 참조〉	120
물	120
골든레이즌	200
총중량	**2,230**

중요 공정

오토리즈 반죽
믹싱 1단 1분 → 2단 2분, 반죽온도 23℃
실온에서 30분 휴지

본 반죽
믹싱 1단 1분 → 2단 2분 → 소금 투입 → 2단 4분 → 충전물 혼합, 반죽온도 23℃

1차 발효 → 저온숙성
25℃ 50% 80분 → 펀치 →
5℃ 냉장고에 15~18시간 숙성

분할 247g, 반죽온도 18℃

벤치타임 60분

성형 긴 타원형

2차 발효 25℃ 50% 50분

굽기 쿠프·스팀 주입
상 230℃ 하 210℃ 23분

Baking Tip

- 저온숙성 반죽은 시간보다는 반죽의 상태를 보는 것이 좋다. 계절에 따라 여름에는 냉장고에 좀 더 빨리 넣어주는 게 좋으며 반대로 겨울에는 실온발효를 좀 더 길게 하고 냉장보관하는 것이 좋다.
- 1차 발효 후 냉장고에서 꺼내면 반죽이 차갑기 때문에 분할을 해서 벤치타임을 길게 해 효모의 활성을 좋게 해준다.
- 건조 애플레드스킨은 레시피 상의 물에 3시간 불려서 사용한다.

오토리즈 반죽

01
강력분과 호밀, 물을 넣고 저속으로 짧게 믹싱한다.

02
믹싱이 끝나면 둥글게 말아 30분 휴지시킨다.

본 반죽 믹싱

03
생이스트를 물에 풀어 오토리즈 반죽에 넣고 믹싱을 한 후 섞이면 소금을 넣고 믹싱한다.

04
완성된 반죽에 충전물을 넣고 스크래퍼로 잘라 올리며 섞은 후, 80분간 1차 발효에 들어간다.

1차 발효

05
1차 발효 80분이 되면 펀치를 준다.

06
펀치는 가스를 살짝씩 빼주며 좌, 우, 상, 하로 4번 접는다. 펀치 후 냉장고에 넣어 15~18시간 저온숙성한다.

07
1차 발효 후의 상태.

분할

08
1차 발효된 반죽을 247g으로 분할한다.

성형

09

분할한 반죽은 표면이 매끄러워지도록 접어서 60분간 벤치타임에 들어간다. 16~18℃가 될 때까지 충분한 벤치타임을 주는 것이 좋다.

10

벤치타임이 끝난 반죽을 손바닥으로 가볍게 두드려 가스를 빼준다.

11

가스를 뺀 반죽을 위에서 아래로 2번 말아준다.

12

마무리는 손바닥 끝을 이용해 꼼꼼하게 눌러준다.

2차 발효

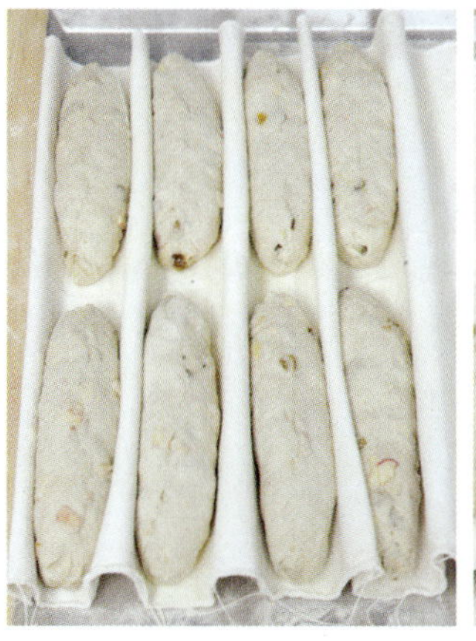

13

이음새가 위로 가도록 캔버스 천에 놓은 후, 50분간 2차 발효에 들어간다.

굽기

14

2차 발효가 끝나면 반죽을 뒤집어 실리콘페이퍼에 옮긴다.

15

실리콘페이퍼에 올릴 때는 반죽 사이의 간격을 충분히 둔다.

16

칼집을 넣고, 상 230℃, 하 210℃ 오븐에 스팀 주입 후 23분간 굽는다. 오븐에 넣기 전 반죽의 온도는 보통 20~22℃ 정도다.

Pain de meteil

팽 드 메테이

밀가루와 곡물을 반반 넣어 만든 건강빵으로 구수함과 건강함을 함께 담은 곡물빵이다. 통밀과 호밀을 적당하게 혼합하여 약간은 무거운 느낌이지만 그만큼 깊은 맛을 느낄 수 있다.

재료

*** 반죽(5개 분량)**

사워종	(g)
화이트 르방	30
물	320
강력분	350
우리밀통밀	150
소금	10

본 반죽	(g)
사워종	전량
강력분	250
호밀	450
통밀 고운 것	200
통밀 굵은 것	100
소금	20
생이스트	5
몰트엑기스	3
물	600
쇼트닝	30
총중량	**2,518**

*** 그 외**

물	적당량
통밀 가루	적당량

중요 공정

사워종
믹싱 화이트 르방을 물에 풀어준다.
나머지 재료를 넣고 믹싱한다.
1단 1분 → 2단 2분, 반죽온도 23℃
25℃ 40% 18~22시간 발효

본 반죽
믹싱 1단 2분 → 2단 6분, 반죽온도 26℃

1차 발효 25℃ 35% 50분

분할 500g

벤치타임 15분

성형 둥근 타원형

2차 발효 25℃ 35% 50분

굽기 쿠프·스팀 주입
상 250℃ 하 240℃ 15분
상 240℃ 하 210℃ 15분

Baking Tip

- 이미 오래 숙성된 르방이 많이 들어갔기 때문에 1차 발효를 길게 하는 건 오히려 좋지 않다.
- 호밀과 통밀의 양이 많으므로 믹싱도 약간 짧게 하는 것이 좋다.

사워종

01
화이트 르방을 물에 풀어준다.

02
나머지 재료를 모두 넣고 섞어준다.

03
반죽이 섞이면 발효실에서 충분히 발효시킨다.

TIP
사워종이 20시간 발효된 상태는 섬유질이 충분히 형성된 상태다.

본 반죽 믹싱

04
모든 재료를 믹서볼에 넣고 저속으로 짧게 믹싱한다. 믹싱을 길게 하면 크럼(속 결)의 상태가 좋지 않으며 반죽이 쳐져서 좋은 빵을 만들 수가 없다.

1차 발효

05
반죽이 완성되면 둥글게 말아 50분간 1차 발효에 들어간다.

06
1차 발효 후의 상태.

분할·벤치타임

07
1차 발효된 반죽을 500g으로 분할하고, 15분간 벤치타임을 갖는다.

성형

08
벤치타임이 끝나면 반죽을 살살 두드려 가스를 빼준다.

09
위에서 아래로 타원형으로 말아준다.

10
끝 부분을 손바닥 끝으로 꾹꾹 눌러 잘 마무리한다.

11
반죽 표면에 물을 바른다.

12
물을 바른 부분에 통밀 가루를 묻힌다.

2차 발효

13
실리콘페이퍼에 올려 50분간 2차 발효에 들어간다. 2차 발효는 실온에서 한다. 발효온도가 높을 경우 반죽에 힘이 없고 쳐져서 상태가 좋지 않으며 식감에도 지장이 있다.

굽기

14
2차 발효가 끝나면 칼집을 넣는다. 상 250℃, 하 240℃ 오븐에 15분간 구운 후, 상 240℃, 하 210℃로 내려 15분간 더 굽는다.

TIP
칼집은 약간 깊게 넣어 주는 것이 벌어짐을 좋게 하며 오븐 스프링에도 도움이 된다.

Pain de seigle

팽 드 세이글

18시간 발효시킨 찰보리 르방에 호밀을 40% 이상 넣어 만든 깊은 풍미의 세이글로, 커런트와 호두가 들어 있어 누구나 좋아할 만한 호밀빵이다. 호밀 맛이 진할 수도 있지만 우리 입맛에 잘맞는 맛과 풍미를 가지고 있다.

재료

＊ 반죽(5개 분량)

사워종	(g)
찰보리 르방	60
물	740
강력분	1,000
소금	10

본 반죽	(g)
사워종	전량
찰보리 르방	200
강력분	300
호밀	1,200
소금	40
몰트엑기스	8
생이스트	14
물	930

＊ 충전물	(g)
호두 분태	300
커런트	300
총중량	**5,102**

＊ 그 외

호밀 가루	적당량

중요 공정

사워종
믹싱 찰보리 르방을 물에 풀어준다.
나머지 재료를 넣고 믹싱한다.
1단 2분 → 2단 1분, 반죽온도 23℃
25℃ 30~50% 18~22시간 발효

본 반죽
믹싱 1단 2분 → 2단 4분 → 충전물 혼합
반죽온도 27℃

1차 발효 25℃ 35% 60분

분할 1,020g

벤치타임 15분

성형 커다란 원형

2차 발효 25℃ 35% 90분

굽기 쿠프·스팀 주입
상 200℃ 하 200℃ 60분

Baking Tip

- 호밀이 많이 들어간 반죽이기 때문에 믹싱은 저속에서 짧게 해준다.
- 믹싱이 길어지면 반죽이 쳐지기 때문에 정상적인 세이글을 만들기 어렵다.
- 구울 때는 장시간 굽기 때문에 작업장의 오븐 상태에 따라 달라져야 한다. (참고로 국내산 돌오븐을 사용했고 수입 오븐의 경우는 230~250℃에서 굽는다.)

사워종

01
찰보리 르방을 물에 풀어준다.

02
강력분과 소금을 넣고 소금이 녹을 정도로 섞어준다.

03
발효실에서 충분히 발효시킨다.

TIP
사워종이 20시간 발효된 상태는 섬유질이 충분히 형성된 상태다.

본 반죽 믹싱

04
모든 재료를 믹서볼에 넣는다.

05
믹싱은 저속으로만 한다.

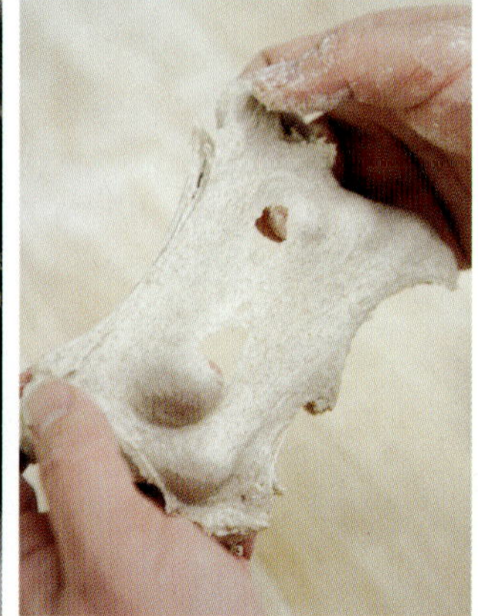

06
믹싱은 얇은 막이 생기지 않고 끊어지는 정도로만 한다.

07
믹싱이 끝나면 충전물을 넣는다.

1차 발효

분할·벤치타임

08
충전물이 섞일 정도로 1단으로 섞어준다.

09
반죽이 완성되면 60분간 1차 발효에 들어간다.

10
1차 발효가 끝나면 섬유질이 약간 보일 정도가 된다. 여기에서 더 발효를 하게 되면 힘이 없어지고 오븐에서도 넓게 퍼지게 되니 주의한다.

11
1차 발효된 반죽을 1,020g으로 분할한 후, 15분간 벤치타임을 갖는다.

성형

2차 발효

굽기

12
벤치타임이 끝난 반죽을 두 손으로 둥글린다.

13
표면에 호밀 가루를 뿌린 후, 90분간 2차 발효를 한다. 2차 발효는 실온에서 한다.

14
2차 발효가 끝나면 사선으로 두 번씩 칼집을 넣는다. 상 200℃, 하 200℃ 오븐에 스팀 주입 후 60분간 굽는다.

PART 04

치아바타 & 포카치아

Cheese ciabatta

치즈 치아바타

18시간 저온 발효시킨 중종 반죽을 넣어 오븐에서의 볼륨이 좋고 깊은 맛과 풍미, 촉촉한 식감이 특징이다. 중간중간에 씹히는 롤치즈는 또 다른 매력이다.

재료

*** 반죽(18개 분량)**

중종 반죽	(g)
생이스트	5
물	380
강력분	500
소금	10

본 반죽	(g)
강력분	1,000
중종 반죽	전량
화이트 르방	100
생이스트	6
물	810
몰트엑기스	8
소금	19
올리브유	45

* 충전물	(g)
롤치즈〈부록 참조〉	180
총중량	**3,063**

중요 공정

중종 반죽

믹싱 1단 1분 → 2단 2분, 반죽온도 23℃
25℃ 120분 → 5℃ 냉장고에서
15~18시간 발효
* 계절에 따라 시간변화에 주의한다.

본 반죽

믹싱 1단 1분 → 2단 4분 → 소금 투입 → 2단 3분 → 올리브오일 투입 → 2단 3분
반죽온도 24℃

1차 발효 25℃ 40% 90분 → 치즈 넣고 펀치 → 40분

분할 가로 54㎝ 세로 33㎝
가로 9㎝ 세로 11㎝

2차 발효 25℃ 40% 30분

굽기 스팀 주입, 상 240℃ 하 230℃
화이트컬러 9분, 브라운컬러 15분

Baking Tip

- 중종 반죽은 실온에서 발효를 완성할 경우는 4시간 정도 발효하면 된다.
- 본 반죽의 물의 양이 많기 때문에 분량 중 10%는 글루텐이 형성되는 단계에서 서서히 투입하는 것이 좋은 반죽를 만드는 방법이다.
- 본 반죽의 모든 발효는 실온발효 25℃를 기준으로 하며 습도는 작업장에 따라 다르지만 현장조건에 맞춰 한다.

중종 반죽

01
생이스트를 물에 풀어 준비한다.

02
강력분과 소금을 1에 넣고 믹싱한다.

03
반죽이 완료되면 발효에 들어간다.

04
발효가 완성되면 섬유질이 충분히 형성된다.

본 반죽 믹싱

05
강력분을 믹서볼에 넣고 중종 반죽, 화이트 르방, 물에 풀어 놓은 생이스트, 물(90%), 몰트 엑기스를 넣고 믹싱한다.

06
크린업 단계가 되면 소금을 넣고 믹싱한다.

07
글루텐이 형성되기 시작하면 남은 물(10%)을 조금씩 넣어가며 반죽에 물이 잘 흡수될 수 있도록 한다.

08
올리브오일을 넣고 믹싱한다.

09
반죽이 완성된 상태.

10
반죽이 완성되면 판에 옮긴다.

TIP
반죽에 수분이 많이 들어가기 때문에 반죽의 상태는 질고 끈기가 있는 상태이며, 발효하는 과정에서 반죽에 탄력이 생기고 조금씩 성형하기 좋은 상태로 변한다.

1차 발효

11
둥글게 말아 90분간 1차 발효에 들어간다.

TIP
1차 발효 과정에서 반죽의 상태가 충분히 부풀어 오르는 것을 확인하는 것이 중요하다. 만약 시간이 지나도 부풀어 오르지 않았다면 발효시간을 더 준 후에 펀치를 주도록 한다.

12
1차 발효 90분이 지나면 펀치를 준다. 펀치를 줄 때는 반죽을 넓게 펴고 2/3 부분에 롤치즈를 뿌리고 접어준다.

13
치즈를 뿌리지 않은 1/3쪽 부분을 들어올려 접는다.

14
접힌 부분을 다시 들어올려 접어준다.

15
반죽 위에 치즈를 올린 후 위아래로 3절 접기하면서 성형하기 좋은 크기로 만들어준다.

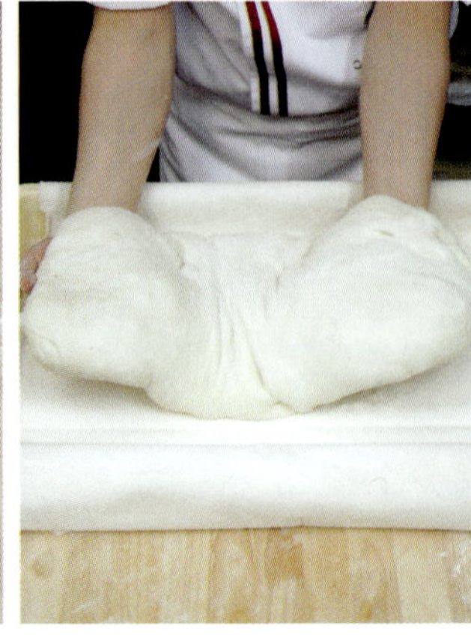

16
반죽을 캔버스천을 깐 판에 옮긴다.

17
이때 직사각형을 만들어주며, 평평하게 두께를 유지해준다.

18
캔버스천을 덮은 후 40분간 발효시킨다.

19
1차 발효 후의 상태.

분할

20
판을 뒤집어 반죽을 꺼낸다.

21
캔버스천을 걷어낸다.

22
반죽 전체를 가로 54㎝, 세로 33㎝로 펼친 후, 가로 9㎝, 세로 11㎝로 재단한다.

23
재단한 반죽을 스크래퍼를 이용해 분할한다.

2차 발효

24
캔버스천에 올려 30분간 2차 발효에 들어간다.

25
2차 발효 후의 상태.

굽기

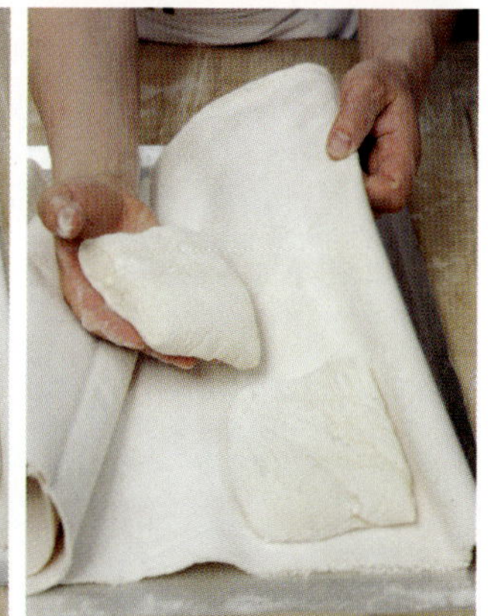

26
2차 발효가 끝나면 아래쪽이 위로 향하도록 해서 실리콘페이퍼에 팬닝한다. 상 240℃, 하 230℃ 오븐에 스팀 주입 후, 화이트컬러는 9분간, 브라운컬러는 15분간 굽는다.

Cereals ciabatta

곡물 치아바타

찰보리 르방이 들어간 반죽에 흑미, 보리, 수수, 커런트를 분쇄하지 않고 그대로 넣어 씹는 맛이 좋고 식사 대용으로도 좋은 웰빙빵이다. 커런트의 달콤함 때문에 아이들도 쉽게 먹을 수 있다.

재료

*** 반죽(18개 분량)**

중종 반죽	(g)
생이스트	2
물	420
강력분	400
호밀	100

본 반죽	(g)
강력분	800
중종 반죽	전량
찰보리 르방	150
생이스트	6
몰트엑기스	6
물	600
소금	26
올리브유	60

*** 충전물**	(g)
흑미 삶은 것	150
보리 삶은 것	200
수수 삶은 것	80
커런트	200
총중량	**3,200**

중요 공정

중종 반죽
믹싱 1단 1분 → 2단 2분, 반죽온도 23℃
25℃ 120분 → 5℃ 냉장고에서
15~18시간 발효

본 반죽
믹싱 1단 1분 → 2단 3분 → 소금 투입 →
2단 4분 → 올리브오일 투입 → 2단 2분 →
충전물 혼합, 반죽온도 23~24℃

1차 발효 25℃ 40% 90분 → 펀치 → 50분

분할 가로 54㎝ 세로 33㎝
가로 9㎝ 세로 11㎝

2차 발효 25℃ 30~50% 30분

굽기 스팀 주입, 상 240℃ 하 230℃ 15분

Baking Tip

- 곡물은 물에 부드럽게 불린 다음 끓는 물에 삶아서 사용한다.
- 1차 발효 중 펀치 단계에서 가스빼기를 할 때 가볍게 접어주는 정도로만 해서 반죽 안에 가스가 살아 있도록 한다.

중종 반죽

본 반죽 믹싱

01
생이스트에 소량의 물을 넣고 풀어 준비한다.

02
나머지 재료를 넣어 충분히 반죽한다(믹서기를 사용해도 된다).

03
반죽이 완료되면 발효에 들어간다.

04
강력분, 중종 반죽, 찰보리 르방, 생이스트, 몰트엑기스에 물(90%)을 넣고 믹싱한다.

05
크린업 단계가 되면 소금을 넣고 믹싱한다.

06
글루텐이 형성되기 시작하면 남은 물(10%)을 조금씩 넣어가며 반죽에 물이 잘 흡수될 수 있도록 한다.

07
올리브오일을 넣고 믹싱한다.

08
반죽이 완성되면 삶은 흑미, 삶은 보리, 삶은 수수와 커런트를 넣고 손으로 접어가며 섞는다.

1차 발효

09
1차 발효 90분이 되면 펀치를 준다.

10
좌, 우, 상, 하로 접어서 펀치를 준 다음, 캔버스천을 깐 판에 넣어 50분간 발효시킨다.

11
1차 발효 후의 상태.

분할

12
1차 발효가 끝나면 판을 뒤집어 반죽을 꺼낸 후, 캔버스천을 벗겨낸다. 반죽 전체를 가로 54㎝, 세로 33㎝로 펼친 후, 가로 9㎝, 세로 11㎝로 재단해 분할한다.

2차 발효

13
분할한 반죽을 캔버스천에 올리고, 30분간 2차 발효에 들어간다.

14
2차 발효 후의 상태.

굽기

15
2차 발효가 끝나면 반죽의 아래쪽이 위로 가도록 해서 실리콘 페이퍼에 올린다.

16
적당한 간격을 두고 팬닝한 후, 상 240℃, 하 230℃ 오븐에 스팀 주입 후 15분간 굽는다.

Barley ciabatta

찰보리 치아바타

찰보리가 들어간 만큼 건강하고 수분이 많이 함유되어 있어 촉촉하며 쫀득한 식감이 아주 좋은 치아바타다. 여기에 커런트를 넣어 무설탕 반죽이지만 달콤함이 느껴진다.

재료

＊ 반죽(18개 분량)

중종 반죽	(g)
강력분	500
소금	10
생이스트	5
물	380

본 반죽	(g)
강력분	800
찰보리 강력분	200
찰보리 르방	200
중종 반죽	전량
몰트엑기스	8
생이스트	6
레이즌 액종	100
물	790
소금	20
올리브오일	46

＊ 충전물	(g)
커런트	300
총중량	**3,365**

중요 공정

중종 반죽
믹싱 1단 1분 → 2단 2분, 반죽온도 23℃, 25℃ 120분 → 5℃ 냉장고에서 15~18시간 발효(또는 26℃에서 240분 발효)

본 반죽
믹싱 1단 1분 → 2단 3분 → 소금 투입 → 2단 4분 → 올리브오일 투입 → 2단 3분 → 충전물 혼합, 반죽온도 23℃~24℃

1차 발효 25℃ 40% 90분 → 펀치 → 40분

분할 가로 54㎝ 세로 33㎝
가로 9㎝ 세로 11㎝

2차 발효 25℃ 30~50% 30분, 실온발효

굽기 스팀 주입, 상 240℃ 하 230℃ 18분

Baking Tip

- 찰보리는 밀가루에 비해서 물을 많이 흡수하므로 꼭 참고하여 물의 양을 조절한다.
- 우리나라에서 생산되는 찰보리는 밀가루에 비해 영양가도 훨씬 좋으며 효모의 활성도 좋아서 훌륭한 품질의 빵을 얻을 수 있다.
- 레이즌 액종은 빵의 레이즌 풍미를 도와주는 역할과 반죽의 활성을 도와주는 역할을 한다.

중종 반죽

01
강력분, 소금, 소량의 물에 풀어놓은 생이스트, 물을 넣고 믹싱한다.

02
반죽이 끝나면 볼에 옮긴 후, 발효시킨다.

03
발효가 완성되면 섬유질이 형성된다.

본 반죽 믹싱

04
강력분과 찰보리 강력분을 믹서볼에 넣고 찰보리 르방, 중종 반죽, 몰트엑기스, 생이스트, 레이즌 액종, 물(90%)을 넣고 믹싱한다.

05
크린업 단계가 되면 소금을 넣고 믹싱 후 나머지 물(10%)을 투입한다.

06
올리브오일을 넣고 믹싱한다.

07
반죽이 끝나면 커런트를 넣고 손으로 섞어준다. 반죽이 질기 때문에 손으로 접어주면서 섞는 것이 더 용이하다. 다 섞은 후 둥글게 말아 90분간 1차 발효에 들어간다.

1차 발효

08
1차 발효 90분이 지나 충분히 발효가 되면 펀치를 준다. 겨울철에는 온도가 낮기 때문에 발효시간을 더 길게 해서 충분히 발효시키는 것이 중요하다.

09
펀치는 좌, 우, 상, 하로 4번 접어준다.

10
펀치를 주고 캔버스천을 깐 판에 옮긴 후, 넓게 펴준다.

11
반죽 표면에 밀가루를 적당히 뿌려준다.

12
캔버스천을 덮은 후, 40분간 발효에 들어간다.

분할

13
발효가 끝나면 판을 뒤집어 반죽을 꺼낸다. 반죽 전체를 가로 54cm, 세로 33cm로 펼친 후, 가로 9cm, 세로 11cm로 재단해 분할한다.

2차 발효

14
분할한 반죽을 캔버스천에 올린 후 30분간 2차 발효에 들어간다.

15
2차 발효 후의 상태.

굽기

16
2차 발효가 끝나면 실리콘페이퍼에 옮긴다. 상 240℃, 하 230℃ 오븐에 스팀 주입 후 18분간 굽는다.

Potato ciabatta

감자 치아바타

소화기능에 도움을 주는 감자를 넣어 하루 정도 시간이 지나도 부드러움을 유지한다. 또, 중종 반죽에 우유를 사용하여 빵의 맛이 더욱 고소하다.

재료

* 반죽(16개 분량)

중종 반죽	(g)
생이스트	10
우유	400
강력분	500

본 반죽	(g)
삶은 감자	500
강력분	500
통밀 중간 입자	100
중종 반죽	전량
몰트엑기스	8
설탕	50
물	446
소금	24
올리브오일	30
총중량	**2,568**

중요 공정

중종 반죽
믹싱 1단 1분 → 2단 2분, 반죽온도 25℃
27℃ 70% 120분 발효

본 반죽
믹싱 1단 1분 → 2단 3분 → 소금 투입 → 2단 6분 → 올리브오일 투입 → 2단 2분, 반죽온도 24℃

1차 발효 25℃ 40% 90분 → 펀치 → 50분

분할 가로 48㎝ 세로 26㎝
가로 8㎝ 세로 13㎝

2차 발효 25℃ 40% 40분

굽기 쿠프·스팀 주입
상 240℃ 하 210℃ 12분

Baking Tip

- 감자의 되기에 따라 반죽의 상태가 변하기 때문에 꼭 주의해서 살펴본다.
- 구운 감자를 사용하면 좀 더 구수한 맛을 얻을 수 있으며 반죽에 감자의 덩어리가 남아 있어도 괜찮다.
- 구운 감자를 사용할 경우 수분량을 약간 늘려준다.

중종 반죽

본 반죽 믹싱

01
우유의 일부에 생이스트를 풀어준 후 나머지 우유와 함께 강력분에 섞어 중종 반죽을 만든다.

02
감자는 삶아 손으로 으깨서 준비해 놓는다.

03
강력분과 통밀 중간 입자를 넣은 후 중종 반죽, 감자, 몰트엑기스, 설탕, 물을 넣고 믹싱한다.

04
크린업 단계가 되면 소금을 넣고 믹싱한다.

1차 발효

05
올리브오일을 넣고 믹싱한다.

06
반죽이 완성되면 감자 때문에 찰지고 약간은 무거운 반죽 상태임을 알 수 있다. 90분간 1차 발효에 들어간다.

07
1차 발효 90분이 되면 펀치를 준다.

08
펀치는 좌, 우, 상, 하로 4번 접어준다.

09
펀치 후 캔버스천을 깐 판에 넣어 50분간 발효시킨다.

10
1차 발효 후의 상태. 1차 발효가 끝나면 판을 뒤집어 꺼낸다.

분할·2차 발효

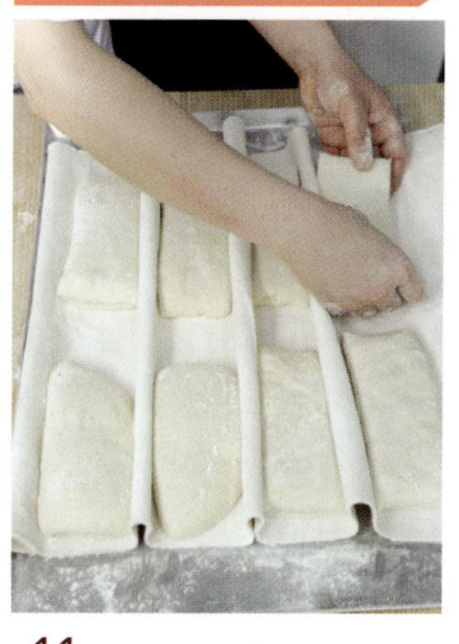

11
반죽 전체를 가로 48㎝, 세로 26㎝로 펼친 후, 가로 8㎝, 세로 13㎝로 재단해 분할한다. 분할한 반죽을 캔버스천에 올려 40분간 2차 발효에 들어간다.

굽기

12
2차 발효가 끝나면 실리콘페이퍼에 옮긴다.

13
실리콘페이퍼에 올릴 때는 반죽 사이에 적당한 간격을 준다.

14
칼집을 넣고 상 240℃, 하 210℃ 오븐에 스팀 주입 후 12분간 굽는다.

Cheong guk jang & triple bean

청국장 트리플 빈

청국장을 넣은 무설탕 빵에 콩 믹스를 넣어 구수하면서도 달콤하다. 청국장이 발효식품인 만큼 르방과도 잘 어울린다.

재료

＊ 반죽(14개 분량)

본 반죽	(g)
생이스트	12
물	720
강력분	900
호밀	50
청국장 분말	50
화이트 르방	200
몰트엑기스	6
소금	20
올리브유	50

＊ 충전물	(g)
콩 믹스(일본산)	400
골든레이즌	200
총중량	**2,608**

중요 공정

믹싱 1단 1분 → 2단 3분 → 소금 투입 → 2단 3분 → 올리브오일 투입 → 2단 2분 → 충전물 혼합, 반죽온도 24℃

1차 발효 25℃ 30~50% 80분 → 펀치 → 40분

분할 가로 42㎝ 세로 25㎝
가로 3㎝ 세로 25㎝

성형 트위스트 형태

2차 발효 25℃ 30~50% 40분

굽기 트위스트·스팀 주입
상 230℃ 하 210℃ 18분

Baking Tip

- 펀치 단계에서는 성형할 때 편리하도록 크기를 맞춰 접어준다.
- 콩 믹스를 구하기 어려울 때에는 우리나라 제품을 사용한다. 하지만 일본제품보다 단맛이 강하고 단단하다.
- 청국장 분말 : 국내산 청국장은 소량만 넣어도 그 향과 맛이 뛰어나다.

믹싱

01
생이스트에 소량의 물을 넣고 풀어 준비한다.

02
강력분, 호밀, 청국장 분말, 화이트 르방, 1의 이스트, 물과 몰트엑기스를 넣은 후 믹싱한다.

03
크린업 단계가 되면 소금을 넣는다.

04
올리브오일을 넣는다.

05
반죽이 완성되면 판에 옮긴다.

06
콩믹스와 골든레이즌을 넣고 섞는다.

07
충전물을 섞을 때는 콩이 부서지지 않도록 손으로 접어가며 섞어준다.

1차 발효

08
다 섞이면 둥글게 말아 80분간 1차 발효에 들어간다.

09
1차 발효 80분이 되면 펀치를 준다.

10
펀치는 좌, 우, 상, 하로 4번 접는다.

11
펀치를 준 반죽을 캔버스천을 깐 판에 옮긴다.

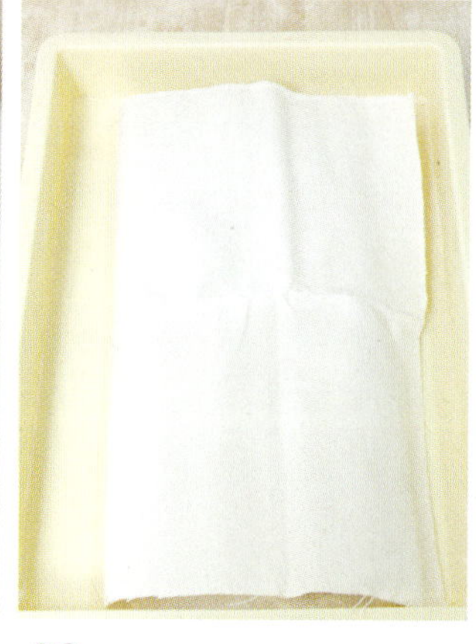

12
캔버스천을 덮어 40분 발효에 들어간다.

분할

13
1차 발효가 끝나면 반죽 전체를 가로 42cm, 세로 25cm로 펼친 후, 가로 3cm, 세로 25cm로 재단해 분할한다.

14
분할한 반죽을 손으로 비틀어 모양을 만든다.

2차 발효

15
비틀어 모양을 잡은 반죽을 캔버스천에 올려 40분간 2차 발효에 들어간다.

굽기

16
2차 발효가 끝나면 실리콘페이퍼에 옮긴다. 상 230℃, 하 210℃ 오븐에 스팀 주입 후 18분간 굽는다.

Spinach ciabatta

시금치 치아바타

중종 반죽을 사용한 치아바타에 시금치, 양파, 치즈를 넣어 환상적인 맛을 선사한다.

재료

*** 반죽(20개 분량)**

중종 반죽	(g)
우리밀통밀	250
강력분	250
소금	10
생이스트	4
물	400

본 반죽	(g)
시금치Ⓐ	50
물Ⓐ	200
강력분	1,000
화이트 르방	100
생이스트	6
중종 반죽	전량
물Ⓑ	590
몰트엑기스	8
소금	20
올리브유	50

* 충전물	(g)
시금치Ⓑ	100
크랜베리	140
다진 양파	200
체더 다이스치즈	140
몬테레이잭 다이스치즈 〈부록 참조〉	200
총중량	**3,718**

중요 공정

중종 반죽
믹싱 1단 1분 → 2단 2분, 반죽온도 23℃
25℃ 50% 120분 → 5℃ 냉장
15~18시간 발효

본 반죽
믹싱 시금치Ⓐ와 물Ⓐ를 착즙하거나 믹서에 간다.
1단 1분 → 2단 3분 → 소금 투입 →
2단 4분 → 올리브오일 투입 →
2단 5분 → 충전물 혼합, 반죽온도 24℃

1차 발효 28℃ 70% 90분 → 펀치 → 40분

분할 가로 50㎝ 세로 30㎝
가로 5㎝ 세로 15㎝

2차 발효 25℃ 40% 40분

굽기 트위스트·스팀 주입
상 240℃ 하 220℃ 20분

Baking Tip

- 1차 발효에서 펀치를 할 경우 재단하기 좋게 사각틀에 맞춰서 펀치를 한다.
- 반죽 시 물Ⓑ 중 10%는 글루텐이 형성되기 시작하면 조금씩 넣어준다(충분한 수화를 위해).
- 수분량이 많으므로 반죽을 할 때 물을 서서히 투입하는 것이 좋다.

중종 반죽

01
믹서볼에 우리밀통밀, 강력분, 소금을 넣고 생이스트는 물에 풀어서 넣은 후 믹싱한다.

02
볼에 옮긴 후 발효시킨다. 발효가 끝나면 효모가 충분히 활성화 된 것을 볼 수 있다.

본 반죽 믹싱

03
시금치Ⓐ는 물Ⓐ와 함께 원액기로 짜준다(믹서도 사용 가능하다).

04
믹서볼에 강력분, 화이트 르방, 생이스트, 원액기로 짠 시금치, 중종 반죽, 물Ⓑ(90%), 몰트엑기스를 넣고 믹싱한다. 물Ⓑ의 10%는 글루텐이 형성되기 시작하면 소량씩 넣어 수화시킨다.

TIP
효모가 충분히 활성화 된 중종 반죽의 상태.

05
크린업 단계에서 소금을 넣어 반죽의 탄력을 만들어준다.

06
올리브오일을 넣고 믹싱한다.

07
수화가 잘 이루어지면 매끄럽고 윤기가 나는 반죽이 만들어진다.

1차 발효

08
완성된 반죽에 충전물을 넣고 스크래퍼를 사용하여 잘라 올리며 골고루 섞어준다. 충전물의 양이 많으므로 충분히 섞어준다.

09
충전물이 잘 섞였으면 둥글게 말아 90분간 1차 발효에 들어간다.

10
1차 발효 90분이 지나면 가볍게 펀치를 준다. 펀치는 좌, 우, 상, 하로 4번 접어준다. 재단하기 편하도록 직사각형으로 만들어준다.

11
펀치가 끝난 반죽은 캔버스천을 깐 판에 옮긴 후 40분간 발효에 들어간다(캔버스천은 발효 후 반죽을 꺼내기 좋게 하기 위해 사용한다).

분할

12
1차 발효 후의 상태.

13
1차 발효가 끝나면 판을 뒤집어 꺼낸 후, 덧가루를 적당히 뿌려서 단면과의 차이를 만들어준다.

14
반죽 전체를 가로 50㎝, 세로 30㎝로 펼친 후 가로 5㎝, 세로 15㎝ 로 재단하여 분할한다.

2차 발효·굽기

15
손으로 비틀어 캔버스천에 놓고 40분간 2차 발효시킨다. 발효가 끝나면 상 240℃, 하 220℃ 오븐에 스팀 주입 후 20분간 굽는다.

Panini bread

파니니빵

묵은 반죽을 넣어 빵의 풍미를 좋게 한 하얀색의 파니니빵 속에 샌드위치 재료를 넣고 파니니 그릴에 올려 열을 가하면 겉은 바삭하고 속은 따뜻한 샌드위치가 된다.

재료

* 반죽(12개 분량)

* 묵은 반죽	(g)
강력분	760
소금	16
생이스트	16
몰트엑기스	8
물	600

본 반죽	(g)
생이스트	6
물	340
강력분	500
묵은 반죽	100
소금	9
올리브오일	30
총중량	985

중요 공정

믹싱 1단 1분 → 2단 4분 → 올리브오일 투입 → 2단 3분, 반죽온도 26℃

1차 발효 32℃ 80% 60분 → 펀치 → 40분

분할 80g

벤치타임 20분

성형 납작한 형태

2차 발효 25℃ 35% 40분

굽기 스팀 주입, 상 240℃ 하 210℃ 7분

Baking Tip

- 샌드위치 용으로 사용하는 이 빵은 용도에 따라 크기와 성형을 다르게 할 수 있다. 예를 들면, 치아바타와 같이 반죽을 넓게 편 후, 재단하여 만들 수도 있다.
- 묵은 반죽은 전 재료를 믹서볼에 넣고 발전 단계까지 믹싱 후 28℃, 습도 65%에서 30분간 발효시킨 다음 5℃의 냉장고에서 16시간 발효 후 충분한 발효가 이루어지면 사용한다. 묵은 반죽은 저배합에 주로 사용하며 빵의 풍미와 탄력있는 반죽을 만들어 준다.

믹싱

01
생이스트에 소량의 물을 넣고 풀어 준비한다.

02
믹서볼에 강력분을 넣고 묵은 반죽을 넣는다.

03
생이스트, 소금, 물을 넣어 믹싱한다.

04
마지막 단계에서 올리브오일을 넣고 믹싱한다.

1차 발효

05
믹싱이 끝나면 둥글게 말아 60분간 1차 발효시킨다.

06
1차 발효 60분이 되면 펀치를 준다.

07
펀치는 좌, 우, 상, 하로 4번 접어준다.

08
펀치를 준 후, 40분간 발효시킨다.

분할·벤치타임

09
1차 발효 후의 상태.

10
1차 발효된 반죽을 80g씩 분할한다.

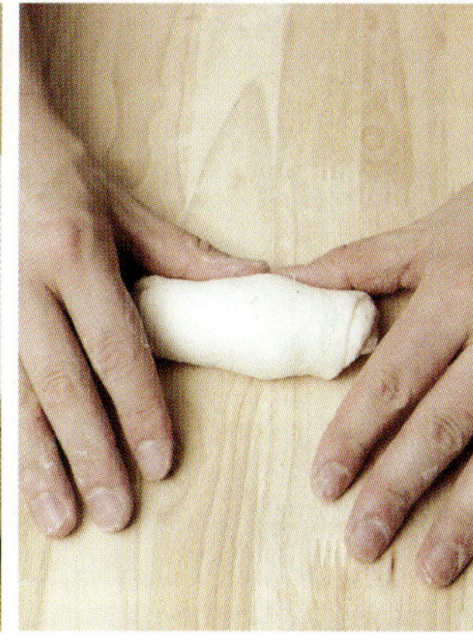

11
분할한 반죽을 성형하게 쉽도록 길쭉하게 말아준다.

12
예비성형한 반죽을 판에 올려 20분간 벤치타임에 들어간다.

13
벤치타임 후의 상태.

성형

14
벤치타임이 끝난 반죽을 손가락으로 가볍게 눌려 펴서 팬에 올려 40분간 2차 발효시킨다.

2차 발효·굽기

15
2차 발효가 되면, 상 240℃, 하 210℃ 오븐에 스팀 주입 후 7분간 굽는다.

Bacon levain focaccia

베이컨 르방 포카치아

포카치아 반죽에 르방을 넣어 깊은 맛과 풍미를 살렸다. 토핑으로 올린 파마산치즈와 파슬리, 오레가노가 통밀이 들어간 포카치아와 잘 어울린다.

재료

＊ 반죽(철판 1개 분량)

오토리즈 반죽	(g)
강력분	500
우리밀백밀	500
통밀 중간 입자	500
물	1,200

본 반죽	(g)
생이스트	20
물	30
찰보리 르방	200
소금	27
올리브오일	70

＊ 충전물	(g)
다진 양파	200
잘게 썬은 베이컨	200
총중량	**3,447**

＊ 토핑	
파마산치즈	적당량
오레가노	적당량
파슬리	적당량

＊ 그 외	
올리브오일	적당량

중요 공정

오토리즈 반죽
믹싱 1단 1분 → 2단 2분, 반죽온도 23℃
실온에서 30분간 휴지

본 반죽
믹싱 1단 1분 → 2단 1분 → 소금 투입 → 2단 2분 → 올리브오일 투입
2단 2분 → 충전물 혼합, 반죽온도 24℃
40×60㎝ 사이즈 철판에 올리브오일을 바르고 팬닝

발효 32℃ 80% 40분 → 반죽을 펼쳐준다 → 40분 → 반죽을 펼쳐준다 → 60분

토핑 파마산치즈, 오레가노, 파슬리

굽기 스팀 주입, 상 230℃ 하 210℃ 23분

마무리 오븐에서 나오면 올리브오일을 발라준다. 식으면 알맞은 크기로 분할한다.

Baking Tip

- 르방이 들어가기 때문에 더 깊은 맛이 나는 포카치아를 만들 수 있지만 발효시간이 너무 길어지면 신맛이 강한 포카치아가 될 수 있으니 입맛에 맞게 조절한다.

오토리즈 반죽

01
강력분, 우리밀백밀, 통밀 중간 입자, 물을 넣고 믹싱해 오토리즈 반죽을 만든다.

02
믹싱 후 실온에서 30분 휴지를 주면, 반죽은 매끄럽고 찰진 상태가 된다.

본 반죽 믹싱

03
오토리즈 반죽에 생이스트를 물에 풀어 넣고 찰보리 르방을 넣어 믹싱한다.

04
반죽이 충분히 섞이면 소금을 넣고 믹싱한다.

05
올리브오일을 넣고 믹싱한다.

06
완성된 반죽의 상태.

07
완성된 반죽을 판에 옮긴 후, 충전물을 넣는다.

08
충전물은 손으로 접어가며 섞어준다.

발효

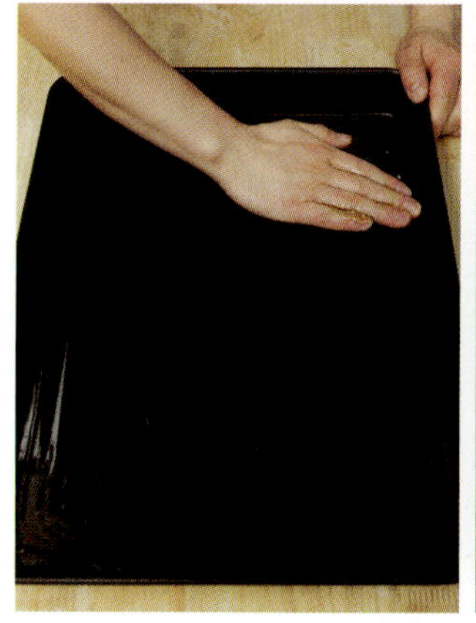

09
철판에 올리브오일을 바른다.

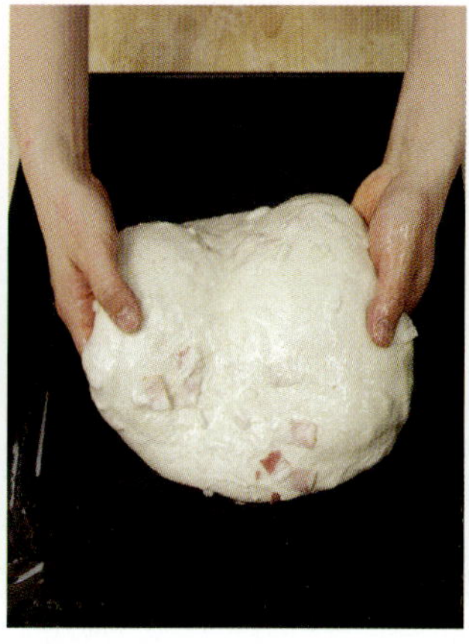

10
충전물을 섞은 반죽을 철판 위에 올린 후, 40분 발효에 들어간다.

11
40분 발효 후의 상태.

12
올리브오일을 적당히 손에 발라 손가락으로 반죽을 펼쳐주고 다시 40분 발효시킨다. 발효 후 다시 철판 크기로 펼쳐준 다음 철판 높이까지 60분간 충분히 발효시킨다.

13
60분 발효 후의 상태.

굽기

14
발효가 충분히 이루어지면 파마산치즈와 오레가노, 파슬리를 뿌린다. 상 230℃, 하 210℃ 오븐에 스팀 주입 후 23분간 굽는다.

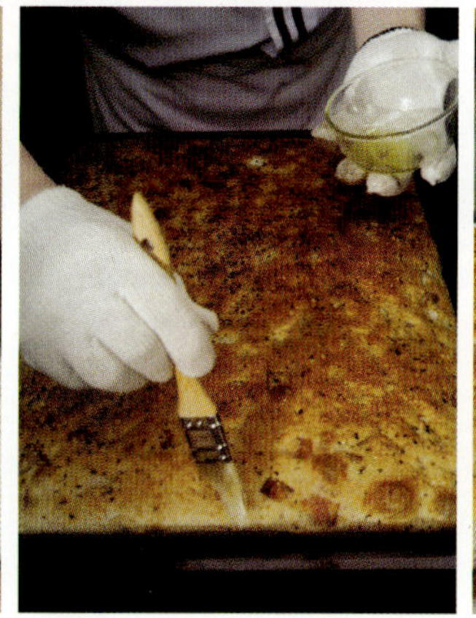

15
오븐에서 구워져 나오면 올리브오일을 바른다.

마무리

16
식으면 적당한 크기로 분할한다.

Spinach focaccia

시금치 포카치아

시금치를 착즙해 넣은 후 저온에서 15시간 이상 발효시킨 포카치아이다. 믹싱을 하지 않는 만큼 식감이 부드럽고, 수분이 많아 촉촉한 맛이 특징이다.

재료

* 반죽(20㎝ 피자팬 2개 분량)	(g)
시금치	80
물	450
생이스트	5
소금	10
강력분	500
올리브오일	10

* 충전물	(g)
건조 크랜베리	80
총중량	**1,135**

* 토핑	
파마산치즈	적당량
오레가노	적당량

중요 공정

믹싱 시금치와 물을 원액기에 넣어 착즙한다. 소량의 시금치 원액에 생이스트를 풀어준 후 남은 시금치 원액과 다른 재료를 차례로 넣고 섞어준다(소금이 다 녹을 정도). 반죽온도 19℃

1차 발효 22℃ 35% 120분

분할 올리브오일을 바른 20㎝ 피자팬을 저울에 올려 피자팬 2개 분량으로 분할한다.

2차 발효 32℃ 80% 60분

토핑 파마산치즈, 오레가노

굽기 스팀 주입, 상 230℃ 하 210℃ 18분

Baking Tip

- 반죽기를 사용하지 않으므로 수화가 부족하고 글루텐 형성도 부족하게 된다. 따라서 장시간 발효시켜 이를 보관함으로써 촉촉하고 맛있는 빵을 만들 수 있다.

믹싱

01
원액기에 시금치와 물을 조금씩 넣어가면서 착즙한다.

02
소량의 시금치 원액에 생이스트를 넣고 풀어준다.

03
2에 나머지 시금치 원액을 넣고 섞어준다.

04
소금을 넣는다.

05
강력분을 넣는다.

06
단단한 주걱으로 덩어리가 생기지 않도록 충분히 섞는다.

07
소금이 녹을 정도의 시간이 지나면 올리브오일을 넣고 잘 섞는다.

08
마지막 단계에서 크랜베리를 넣는다.

1차 발효

09
반죽이 완성되면 약간은 거친 상태의 반죽이 만들어진다.

10
1차 발효 120분에 들어간다.

11
1차 발효 후의 상태.

TIP
발효가 완성되면 섬유질이 충분히 만들어진다. (펀치 후 냉장고에서 15시간 정도 발효하면 더 맛있는 빵을 만들 수 있다.)

분할

12
20cm 피자팬에 올리브오일을 바르고 반죽을 분할한다. 반죽이 질기 때문에 부어서 팬닝한다.

2차 발효

13
표면에 올리브오일을 살짝 바르고 손가락으로 고르게 펴준 후 60분간 2차 발효에 들어간다.

14
2차 발효 후의 상태. 2차 발효는 틀의 높이까지 발효하면 된다.

굽기

15
파마산치즈와 오레가노를 뿌린다. 상 230℃, 하 210℃ 오븐에 스팀 주입 후 18분간 굽는다.

Onion focaccia

어니언 포카치아

애피타이저와 곁들여 먹는 이탈리아의 대표적인 빵이다. 토핑을 어떻게 사용하는지에 따라 그 맛이 달라지며 간단하게 먹을 수 있는 샌드위치로도 많이 사용한다.

재료

* 반죽(철판 1개 분량)	(g)
강력분	1,000
생이스트	15
흰자	105
물	650
소금	20
무염버터	30
올리브오일	30

* 충전물	(g)
다진 양파	200
건조 크랜베리	150
총중량	**2,200**

* 토핑	
오레가노	적당량
파마산치즈	적당량
양파 슬라이스	적당량

* 그 외	
올리브오일	적당량

중요 공정

믹싱 1단 1분 → 2단 2분 → 소금 투입 → 3단 2분 → 버터 투입 → 2단 2분 → 올리브오일 투입 → 2단 2분 → 충전물 혼합, 반죽온도 24℃, 40×60㎝ 사이즈 철판에 올리브오일을 바르고 팬닝

발효 32℃ 80% 50분 → 반죽을 펼쳐준다 → 60분

토핑 양파 슬라이스, 파마산치즈, 파슬리, 오레가노

굽기 스팀 주입, 상 230℃ 하 210℃ 20분

마무리 오븐에서 나오면 올리브오일을 발라준다. 식으면 알맞은 크기로 분할한다.

Baking Tip

- 반죽이 끝나면 철판에 올리브오일을 옆면까지 골고루 바르는 게 좋다. 반죽의 표면에도 연하게 발라야 반죽이 마르는 것을 방지할 수 있다.
- 손가락으로 반죽을 조금씩 펼쳐가면서 철판 크기로 늘여주는 것으로 성형을 대신한다.

믹싱

01
강력분을 믹서볼에 넣고 생이스트, 흰자, 물을 넣는다.

02
크린업 단계가 되면 소금을 넣고 믹싱한다.

03
소금이 섞이면 버터를 넣고 믹싱한다.

04
올리브오일을 넣고 얇은 막이 생길 때까지 믹싱한다.

05
반죽이 완성되면 충전물을 넣고 스크래퍼로 골고루 잘 섞는다.

06
양파가 으깨져서 발효에 지장을 주지 않도록 섞어준 후, 둥글게 말아놓는다.

발효

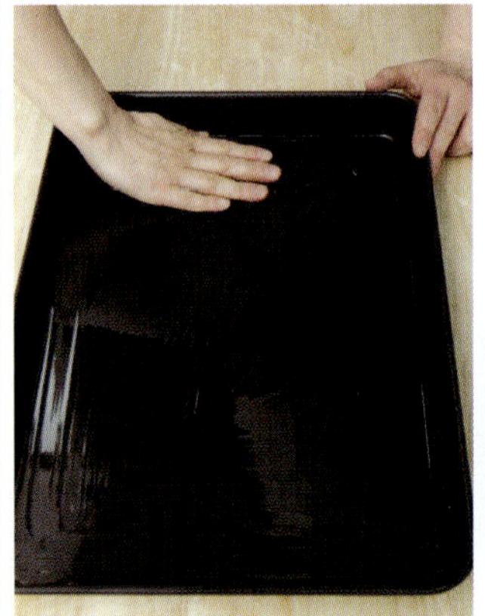

07
철판에 올리브오일을 바른다. 철판의 옆면까지 꼼꼼하게 발라놓는다.

08
철판에 반죽을 올린다. 반죽 표면에도 촉촉하게 올리브오일을 바른 후, 50분간 발효에 들어간다.

09
50분 발효 후의 상태.

10
50분이 지나면 손바닥에 올리브오일을 발라 반죽을 철판 크기로 펼친다.

11
철판 크기로 펼친 후, 다시 60분간 발효에 들어간다.

12
발효 후의 상태.

굽기

13
철판 높이까지 발효되면 양파 슬라이스를 올리고 파마산치즈와 파슬리, 오레가노를 뿌린다. 상 230℃, 하 210℃ 오븐에 스팀 주입 후 20분간 굽는다.

마무리

14
오븐에서 구워져 나오면 표면에 올리브오일을 바른 후, 식으면 적당한 크기로 재단한다.

15
재단한 사이즈대로 잘라 마무리한다.

PART 05
스위트 브레드

Red wine & figs

레드와인 무화과

레드와인을 반죽에 섞고 블루베리와 크랜베리, 무화과를 첨가하여 달콤하게 즐길 수 있는 부드러운 건강빵이다. 레드와인이 들어가 풍미가 좋은 만큼 식전빵으로도 손색이 없다.

재료

* 반죽(11개 분량)	(g)
강력분	800
우리밀백밀	200
소금	18
설탕	30
분유	20
생이스트	8
화이트 르방	200
물	410
유산균사워종	100
레드와인	200
무염버터	30

* 충전물	(g)
건조 크랜베리	100
건조 블루베리	200
총중량	**2,316**

* 무화과 전처리	(g)
물	400
설탕	140
반건조 무화과	400
모나크 골드럼 〈부록 참조〉	30

* 그 외	
밀가루	적당량

중요 공정

믹싱 1단 1분 → 2단 3분 → 버터 투입 → 2단 5분 → 충전물 혼합, 반죽온도 26℃

1차 발효 28℃ 75% 50분 → 펀치 → 40분

분할 210g

벤치타임 40분

성형 타원형으로 편 후 1/4쪽으로 자른 무화과를 올려 말아준다.

2차 발효 32℃ 80% 50분

굽기 쿠프·스팀 주입
상 230℃ 하 210℃ 20분

무화과 전처리하기
물과 설탕을 끓인 다음 불에서 내려 무화과를 넣는다. 완전히 식으면 골드럼을 넣고 하루 이상 보관 후 사용한다.

Baking Tip

- 반죽에 1차 발효가 부족하면 볼륨이 작은 빵이 만들어지기 때문에 벤치타임보다는 1차 발효 상태에 주의한다.
- 성형을 할 때에는 밀대를 사용하지 않기 때문에 벤치타임을 길게 준다.

믹싱

01
강력분, 우리밀백밀, 소금, 설탕, 분유, 생이스트, 화이트 르방, 물, 유산균사워종, 레드와인을 넣고 믹싱한다.

02
크린업 단계가 되면 버터를 넣고 믹싱한다.

03
무화과를 제외한 충전물을 넣고 손으로 접어가며 섞어준다. 다 섞이면 둥글게 말아 50분간 1차 발효에 들어간다.

1차 발효

04
1차 발효 50분이 되면 펀치를 준다.

05
펀치는 손바닥으로 살짝씩 눌러가며 좌, 우, 상, 하로 4번 접어주고, 40분간 발효시킨다.

06
1차 발효 후의 상태.

분할 · 벤치타임

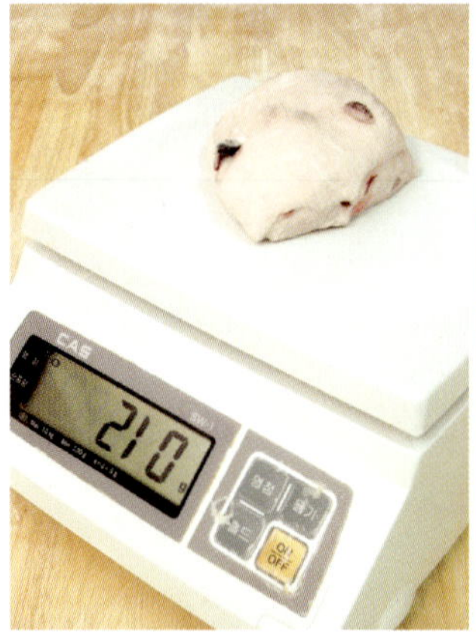

07
1차 발효가 끝나면 210g으로 분할한다.

08
분할한 반죽을 가볍게 접어서 표면을 매끄럽게 만들어준다.

성형

09
끝 부분을 아래로 가게한 후 40분간 벤치타임에 들어간다.

10
벤치타임이 끝나면 손가락으로 눌러서 펴준다.

11
반죽 위에 무화과를 잘라 적당히 올려준다.

12
위에서 아래로 말아준다.

13
마무리는 손가락으로 꼭꼭 집어준다. 실리콘페이퍼에 올려 50분간 2차 발효시킨다.

2차 발효

14
2차 발효 후의 상태.

굽기

15
2차 발효가 끝나면 반죽 위에 밀가루를 살짝 뿌린다.

16
대각선으로 둥글게 칼집을 넣는다. 상 230℃, 하 210℃ 오븐에 스팀 주입 후 20분간 굽는다.

Red beans rice cake bread

떡 먹은 앙금빵

달지 않은 반죽에 한국인의 정서에 맞는 찹쌀소와 통팥앙금을 넣은 달콤하고 쫀득한 빵이다. 겉에 토핑한 스트로이젤은 고소하고 바삭한 반면 찹쌀소와 통팥앙금은 입안에서의 촉촉함을 유지시켜 준다.

재료

* 반죽(32개 분량)	(g)
강력분	1,000
설탕	100
소금	20
생이스트	33
우유	300
물	280
유산균사워종	150
무염버터	50
총중량	1,933

* 찹쌀소	(g)
찹쌀	140
설탕	30
소금	1.2
물	15~20
완두배기	30
팥배기	30

* 통팥앙금	(g)
통팥앙금	5,000
호두 분태	300
밤 다이스	300

* 스트로이젤	(g)
무염버터	70
설탕	70
중력분	120
베이킹파우더	1.4
분유	2

* 그 외	
우유	적당량

중요 공정

믹싱 1단 1분 → 2단 2분 → 버터 투입 → 3단 2분 → 2단 2분, 반죽온도 27℃

1차 발효 30℃ 80% 40분

분할 60g

벤치타임 25℃ 35% 20분

성형 찹쌀소 25g에 통팥앙금 40g을 넣고 감싸준다. 윗면에 우유를 바르고 스트로이젤을 묻혀서 발효시킨다.

2차 발효 32℃ 80% 50분

굽기 상 185℃ 하 160℃ 18분

찹쌀소 부록 참조

통팥앙금 부록 참조

스트로이젤 부록 참조

Baking Tip

- 찹쌀소는 찹쌀의 수분량에 따라 물의 양이 변하기 때문에 상태를 보고 잘 조절해야 한다.
- 찹쌀이 들어가기 때문에 오븐에서 너무 빨리 꺼내면 덜 익을 수도 있으니 주의한다.

믹싱·1차 발효

01
버터를 제외한 모든 재료를 믹서볼에 넣고 믹싱한다.

02
크린업 단계가 되면 버터를 넣고 발전 단계까지 믹싱한다.

03
반죽이 완성되면 40분간 1차 발효에 들어간다.

04
1차 발효된 반죽을 60g으로 분할한 후 20분의 벤치타임을 갖는다.

성형

05
찹쌀소는 20g씩 나눠 둥글게 말아놓는다.

06
둥글게 말아놓은 찹쌀소를 손바닥으로 눌러 넓적하게 편다.

07
반죽 안에 찹쌀소를 얇게 눌러서 넣는다.

08
그 위에 통팥앙금을 올린다.

09
통팥앙금이 밖으로 나오지 않도록 반죽을 잘 감싼다.

10
반죽을 가운데로 모아 꾹 눌러준다.

11
완성된 상태.

12
반죽 표면에 우유를 바른다.

13
우유를 바른 면에 스트로이젤을 묻혀준다.

TIP
스트로이젤이 될 경우 우유를 적당히 넣어 촉촉하게 만든 후 사용한다.

2차 발효

14
적당한 간격을 두고 팬닝한 후, 50분간 2차 발효에 들어간다.

굽기

15
2차 발효가 끝나면 상 185℃, 하 160℃ 오븐에서 18분 동안 굽는다.

Mocha & coconut

모카랑 코코

커피 분말이 들어간 반죽에 팥앙금을 넣고 코코넛 토핑을 올려 달콤함을 두 배로 늘렸다. 코코넛에 흰자를 넣어 표면이 바삭하게 느껴지는 것이 특징이며 통팥앙금과 잘 어울리는 빵이다.

재료

* 반죽(15개 분량)	(g)
강력분	500
우리밀백밀	250
설탕	110
소금	14
커피 분말	15
달걀	2개
생이스트	25
우유	150
물	150
유산균사워종	100
무염버터	80
총중량	1,494

* 충전물(1개당)	(g)
고운앙금	50

* 모카랑 코코 토핑	(g)
흰자	210
설탕	195
롱코코넛	210
박력분	37

중요 공정

믹싱 1단 1분 → 2단 2분 → 버터 투입 → 2단 2분 → 3단 1분, 반죽온도 28℃

1차 발효 32℃ 80% 50분

분할 100g, 고운앙금 50g

벤치타임 20분

성형 밀대로 반죽을 길게 늘어편 후 고운앙금을 얇게 펴서 반죽 위에 놓고 말아준다.

2차 발효 32℃ 80% 50분

굽기 토핑을 올려서 골고루 펴 바른다. 상 185℃ 하 160℃ 23분 (컨벡션오븐 165℃ 18분)

모카랑 코코 토핑 부록 참조

Baking Tip

- 성형에서 반죽이 너무 얇으면 앙금이 터질 수도 있으니 주의한다.
- 토핑을 올려주는 빵들은 그렇지 않은 것에 비해 오븐스프링이 좋기 때문에 약간 덜 발효해서 굽는다.
- 토핑을 올릴 때는 2차 발효가 된 후라서 부드럽기 때문에 바를 때 조심하고 발효를 오버하지 않는다.

믹싱

01
가루류의 재료를 먼저 믹서볼에 넣는다.

02
스크래퍼를 이용하여 잘 섞어준다.

03
버터를 제외한 나머지 재료를 믹서볼에 넣고 믹싱한다.

04
크린업 단계가 되면 버터를 넣고 믹싱한다. 반죽은 90%까지만 믹싱하는 것이 좋다. 오버믹싱을 할 경우 발효가 잘 안 되고 쳐지는 현상이 생길 수 있으니 주의한다.

1차 발효

05
반죽이 완성되면 둥글게 말아 50분간 1차 발효에 들어간다.

06
1차 발효 후의 상태.

분할·벤치타임

07
1차 발효가 끝나면 100g으로 분할한다.

08
분할한 반죽을 매끄럽게 둥글리기하여 20분간 벤치타임을 갖는다.

성형

09
벤치타임이 끝나면 밀대로 길쭉하게 밀어 편다.

10
50g의 앙금도 함께 준비한다.

11
앙금을 반죽보다 조금 작게 밀어 편 후, 반죽에 올린다.

12
위에서 아래로 말아준다.

2차 발효

13
이음새를 꼼꼼하게 마무리한 후, 50분간 2차 발효에 들어간다.

14
2차 발효 후의 상태. 2차 발효는 발효가 약간 부족한 상태에서 꺼내주는 것이 좋다. 2차 발효가 지나치게 되면 토핑을 올렸을 때 반죽이 가라앉을 수 있다.

굽기

15
토핑은 모든 재료를 충분히 섞은 후 사용한다.

16
토핑을 올린 후, 상 185℃, 하 160℃ 오븐에 굽는다. 토핑을 바를 때는 2차 발효가 된 상태이기 때문에 힘을 무리하게 주지 않고 살살 펼쳐준다.

Choco & Choco

초코 & 초코

화이트 르방이 들어간 반죽에 초코칩을 넣었다. 초콜릿의 달콤함과 부드러운 식감이 잘 어울리는 빵이다.

재료

* 반죽(6개 분량)	(g)
강력분	900
코코아	100
설탕	150
소금	20
화이트 르방	200
생이스트	20
몰트엑기스	10
물	700

* 충전물	(g)
초코칩 〈부록 참조〉	300
총중량	2,400

* 그 외	
밀가루	적당량

중요 공정

믹싱 1단 1분 → 2단 5분 → 3단 2분 → 2단 3분, 반죽온도 26℃
반죽Ⓐ 1,692g에 초코칩 300g 혼합
반죽Ⓑ 696g

1차 발효 25℃ 50% 60분 → 펀치 → 40분

분할 반죽Ⓐ 284g 6개, 반죽Ⓑ 116g 6개

벤치타임 30분

성형 반죽Ⓐ를 타원형으로 말아준 후
반죽Ⓑ를 넓게 밀어서 반죽Ⓐ에 덮어준다.

2차 발효 30℃ 70% 60분

굽기 쿠프·스팀 주입
상 230℃ 하 210℃ 35분

Baking Tip

- 반죽에 초코칩이 들어가기 때문에 오븐에서 타는 것을 방지하기 위해 반죽을 Ⓐ와 Ⓑ로 나눈다.
- 쿠프를 넣을 때, 깊게 넣으면 반죽 안에 있는 초코칩이 밖으로 새어 나와 타기 때문에 맛에 영향을 줄 수 있으므로 쿠프는 깊지 않게 넣는 것이 좋다.

믹싱

01
강력분, 코코아, 설탕, 소금을 믹서볼에 넣고 골고루 섞는다.

02
나머지 재료를 모두 넣고 믹싱한다.

03
반죽이 완성되면 1,404g(반죽Ⓐ)과 696g(반죽Ⓑ)으로 나눈다.

04
반죽Ⓐ에 초코칩을 넣고 스크래퍼를 사용하여 반죽을 잘라 올리며 골고루 섞어준다.

1차 발효

05
반죽Ⓐ와 반죽Ⓑ를 둥글리기 하여 60분간 1차 발효에 들어간다.

06
1차 발효가 60분 진행된 상태에서 펀치를 준다.

07
먼저 반죽을 손바닥으로 살짝 두드리며 가스를 뺀다.

08
가스를 뺀 반죽을 좌, 우로 3 등분하여 접어준다.

09
다음 위, 아래로 3등분하여 접어준다.

10
펀치를 주면 반죽은 부드럽지만 탄력 있는 상태가 된다.

분할·벤치타임

11
반죽Ⓐ와 Ⓑ 모두 펀치를 주고 40분 발효시킨다.

12
반죽Ⓐ를 284g씩 6개 분할한다.

13
반죽Ⓑ는 116g씩 6개 분할한다.

14
분할한 반죽은 30분간 벤치타임을 갖는다.

성형

15
벤치타임이 끝난 반죽Ⓐ를 손바닥으로 살짝 두드려 가스를 빼준다.

16
위에서 아래로 말아준다.

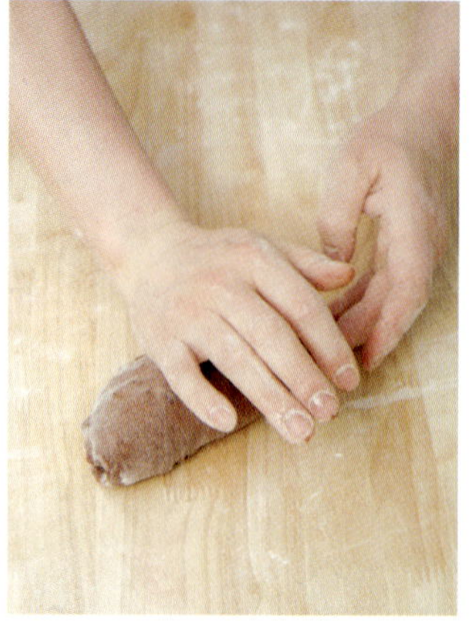

17
마무리는 손바닥 끝으로 꾹꾹 눌러준다.

18
반죽이 벌어지지 않도록 끝부분을 손가락으로 꼭꼭 집어준다.

19
반죽Ⓑ는 밀대를 이용해 둥글게 펴준다.

20
밀어 편 반죽Ⓑ 전체에 물을 발라준다.

21
물을 바른 반죽Ⓑ 위에 반죽Ⓐ를 올린다. 이때 반죽Ⓑ의 이음새 부분이 위로 가도록 한다.

22
반죽Ⓑ로 반죽Ⓐ를 감싼다.

23
끝 부분을 손가락으로 꼭꼭 눌러준다.

2차 발효

24
이음새가 아래로 가도록 실리콘페이퍼에 올리고 60분간 2차 발효에 들어간다.

25
2차 발효 후의 상태.

굽기

26
2차 발효가 끝나면 반죽 위에 밀가루를 살짝 뿌린다.

27
칼집을 넣고 상 230℃, 하 210℃ 오븐에 스팀 주입 후 35분간 굽는다. 칼집을 넣을 때 깊게 들어가면 안에 있는 초코칩이 밖으로 흘러나올 수 있기 때문에 반죽Ⓑ에만 살짝 칼집을 넣는다.

Almond mocha bun

아몬드 모카번

아몬드 분말이 들어간 번 크림을 반죽에 넣고 싸서 모카 향과 번 크림의 부드러움을 함께 느낄 수 있는 모카번이다. 달콤한 크림의 맛이 뛰어나 커피와도 잘 어울린다.

재료

* 반죽(28개 분량)	(g)
강력분	720
박력분	80
소금	12
설탕	200
생이스트	32
탈지분유	17
물	305
유산균사워종	80
연유	40
노른자	120
무염버터	40
쇼트닝	40
총중량	1,686

* 번 크림	(g)
무염버터	500
설탕	140
아몬드 분말	200
소금	5

* 번 토핑	(g)
무염버터	100
설탕	100
달걀	75
중력분	80
아몬드 분말	20
전분	10
로티카페 〈부록 참조〉	16

중요 공정

믹싱 1단 1분 → 2단 3분 → 버터 투입 → 2단 5분, 반죽온도 28℃

1차 발효 32℃ 80% 50분

분할 60g, 번 크림 18g

벤치타임 20분

성형 번 크림을 60g 반죽에 넣고 감싸준다.

2차 발효 32℃ 80% 40분

굽기 번 토핑을 짜준다.
상 185℃ 하 160℃ 25분

번 크림 부록 참조

번 토핑 부록 참조

Baking Tip

- 번 크림을 넣을 때는 구울 때 녹아 밖으로 흐르지 않도록 잘 감싸주어야 한다.
- 2차 발효는 약간 적게 하는 것이 좋다. 토핑으로 인해 오븐에서의 팽창시간이 길기 때문에 발효가 지나치게 되면 퍼져 나오는 원인이 될 수 있다.

믹싱

01
버터를 제외한 모든 재료를 믹서볼에 넣고 믹싱한다.

02
크린업 단계가 되면 버터와 쇼트닝을 넣고 얇은 막이 생길 때까지 믹싱한다.

1차 발효

03
반죽이 완성되면 50분간 1차 발효에 들어간다.

04
1차 발효 후의 상태.

분할·벤치타임

05
1차 발효가 끝나면 60g으로 분할한다.

06
분할한 반죽을 매끄럽게 둥글리기하여 20분간 벤치타임에 들어간다.

07
벤치타임 후의 상태.

성형

08
벤치타임이 끝나면 냉동고에서 굳힌 번 크림을 같이 준비해놓는다.

09
반죽 안에 번 크림을 넣는다.

10
꼼꼼하게 감싸서 오븐에 들어갔을 때 번 크림이 밖으로 흐르지 않도록 마무리한다.

2차 발효

11
완성되면 40분간 2차 발효에 들어간다.

12
2차 발효 후의 상태. 이때 2차 발효는 약간 부족한 상태까지 한다. 이는 빵이 꺼지는 것을 방지하기 위함이다.

굽기

13
안쪽부터 바깥쪽으로 둥글게 원을 그리며 번 토핑을 짜준 후, 상 185℃, 하 160℃ 오븐에 25분간 굽는다.

Strawberry red bean bread

딸기 단팥빵

신선한 딸기액을 통팥앙금과 함께 끓여서 딸기 맛을 더한 단팥빵이다. 생딸기를 넣어 구웠기 때문에 촉촉한 딸기 맛의 단팥빵을 만날 수 있다.

재료

* 반죽(58개 분량)	(g)
강력1등급	1,000
설탕	180
소금	16
분유	40
생이스트	38
달걀	3개
노른자	2개
우유	130
물	150
유산균사워종	150
무염버터	150
총중량	**2,044**

* 딸기앙금	(g)
생딸기	400
물	200
통팥앙금	2,000

* 그 외	
달걀물	적당량
커스터드 크림	적당량
나파주	적당량
쌀 플레이크	적당량
딸기(1개당)	2개

중요 공정

믹싱 1단 1분 → 2단 2분 → 버터 투입 → 2단 8분, 반죽온도 29℃

1차 발효 34℃ 85% 50분

분할 35g, 앙금 40g

벤치타임 20분

성형 반죽 35g에 앙금 40g과 딸기를 넣고 감싸준다. 가운데를 눌러준다.

2차 발효 34℃ 85% 50분

굽기 달걀물을 바르고, 커스터드 크림을 짠다. 상 190℃ 하 150℃ 18분

마무리 빵이 식으면 나파주를 바르고 쌀 플레이크를 묻힌 후 딸기로 장식한다.

딸기앙금 부록 참조

커스터드 크림 부록 참조

Baking Tip

- 앙금은 식으면 더 되게 되므로 약간 질게 끓이는 게 좋다.
- 쌀 플레이크 : 백미를 납작하게 눌러 만든 것으로 단맛이 없고 고소한 맛이 난다.

믹싱

01

버터를 제외한 모든 재료를 믹서볼에 넣고 믹싱한다.

02

크린업 단계가 되면 버터를 넣고 믹싱한다.

1차 발효

03

반죽이 완성되면 둥글게 말아 50분간 1차 발효에 들어간다.

04

1차 발효 후의 상태.

분할·벤치타임

05

1차 발효가 끝나면 35g으로 분할한다.

06

분할한 반죽은 둥글리기하여 20분간 벤치타임을 갖는다.

성형

07

벤치타임이 끝난 반죽 위에 앙금 40g을 먼저 넣는다.

08

딸기를 가운데에 넣은 후, 반죽을 잘 감싸준다.

2차 발효

굽기

09
반죽을 가운데로 모아 꼭 눌러준다.

10
완성된 상태.

11
틀에 넣은 후, 가운데를 눌러서 크림을 짤 수 있게 하고 50분간 2차 발효시킨다.

12
2차 발효가 끝나면, 반죽 표면에 달걀물을 바른다.

마무리

13
가운데 커스터드 크림을 짠 후, 상 190℃, 하 150℃ 오븐에서 18분간 굽는다.

14
구워져 나오면 표면에 나파주를 바른다.

15
나파주를 바른 부분에 쌀 플레이크를 묻힌다.

16
가운데 딸기를 올려 완성한다.

Strawberry & cream bread

딸기 생크림빵

부드러운 식감의 빵에 새콤달콤한 산딸기잼과 생크림을 샌드했다. 스트로이젤의 고소함에 딸기와 생크림이 잘 어울린다.

재료

* 반죽(26개 분량)	(g)
강력1등급	1,000
설탕	180
소금	17
분유	20
생이스트	35
물	580
달걀	90
버터	80
총중량	2,002

* 스트로이젤	(g)
무염버터	70
설탕	70
중력분	120
베이킹파우더	1.4
분유	2

* 생크림	(g)
에버휩	300
생크림	100
디종 트리플색	5

* 샌드 크림(1개당)	(g)
산딸기잼	10
생크림	20

* 그 외	
물	적당량
딸기(1개당)	1.5개
분당	적당량

중요 공정

믹싱 1단 1분 → 2단 2분 → 버터 투입 → 2단 2분 → 3단 1분 → 2단 2분
반죽온도 28℃

1차 발효 32℃ 85% 50분

분할 25g×3

성형 둥글리기하여 틀에 팬닝한다.

2차 발효 32℃ 85% 40분

굽기 윗면에 물을 바르고 스트로이젤을 체에 내려 뿌린다. 상 180℃ 하 170℃ 20분
(컨벡션오븐 160℃ 18분)

마무리 빵이 식으면 반으로 갈라서 산딸기잼을 넣고 생크림을 짜서 딸기를 올려준다.

스트로이젤 부록 참조

생크림 부록 참조

Baking Tip

- 에버휩이 아닌 100% 생크림을 사용할 경우에는 설탕을 0.5% 더해 사용한다.
- 에버휩 : 식물성 생크림으로 약간의 가당이 되어 있다. 다른 식물성 크림에 비해 향이 진하지 않아서 다른 재료와 잘 어울린다.
- 잼의 종류를 바꾸어 블루베리를 올려도 좋으며 계절별로 다양한 과일의 응용이 가능하다.
- 전용 틀이 없을 경우에는 직사각형 틀을 사용해도 된다.

믹싱

01
버터를 제외한 모든 재료를 믹서볼에 넣고 믹싱한다.

02
크린업 단계가 되면 버터를 넣고 믹싱한 후, 50분간 1차 발효에 들어간다.

1차 발효

03
1차 발효 후의 상태.

분할

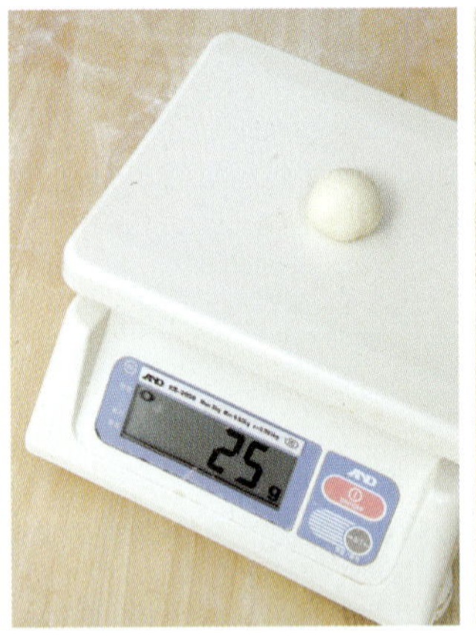

04
1차 발효가 끝나면 25g씩 분할한 후 둥글리기를 한다.

성형·2차 발효

05
전용 틀에 3개씩 간격을 두고 팬닝한다. 40분간 2차 발효에 들어간다.

06
2차 발효 후의 상태.

굽기

07
2차 발효가 끝나면 붓으로 물을 바른다.

마무리

08

그 위에 스트로이젤을 뿌린다. 상 180℃, 하 170℃ 오븐에 20분간 굽는다.

09

빵이 다 구워지면, 완전히 식힌 후에 반으로 갈라준다.

10

산딸기잼을 한 줄 짜준다.

11

생크림을 별깍지로 돌려가며 짜준다.

12

딸기를 반으로 잘라 올려준다.

13

절반 정도 분당을 뿌려서 마무리한다.

Orange cream cheese

오렌지 크림치즈

브리오슈의 특징인 리치한 반죽에 오렌지필을 넣어 오렌지의 풍미를 더했다. 크림치즈를 넣은 요구르트 크림을 샌드해 달콤하고 부드러운 맛을 낸다.

재료

* 반죽(44개 분량)	(g)
강력1등급	800
우리밀백밀(중력분)	200
설탕	120
소금	18
생이스트	30
달걀	2개
우유	150
물	200
유산균사워종	150
무염버터	250
크림치즈	100
오렌지필	80
총중량	**2,198**

* 요구르트 크림	(g)
크림치즈	280
에버휩	360
설탕	84
디종 트리플색	12
요구르트 페이스트〈부록 참조〉	6

* 그 외	
달걀물	적당량
아몬드 슬라이스	적당량
분당	적당량

중요 공정

믹싱 1단 1분 → 2단 5분 → 버터를 3회에 나누어 투입 후 크림치즈 투입 → 2단 3분 → 오렌지필 투입, 반죽온도 26℃

1차 발효 28℃ 75% 50분

분할 50g

벤치타임 20분

성형 둥글게 말아 럭비공 모양으로 성형한다.

2차 발효 28℃ 75% 40분

굽기 달걀물을 바른 후, 아몬드 슬라이스와 분당을 뿌려 굽는다. 상 185℃ 하 150℃ 18분

마무리 빵이 식으면 반으로 갈라 요구르트 크림 30g을 짜 넣는다.

요구르트 크림 만들기

① 크림치즈를 부드럽게 풀어준다.

② 나머지 재료를 휘핑해 크림치즈와 섞는다.

Baking Tip

- 에버휩 : 식물성 생크림으로 약간의 가당이 되어 있다. 다른 식물성 크림에 비해 향이 진하지 않아서 다른 재료와 잘 어울린다.
- 에버휩이 없을 경우에는 다른 제품을 사용해도 무관하며 동물성 생크림을 사용해도 되나 크림이 약간 질어질 수 있다.
- 성형 시 이음새를 꼼꼼하게 성형해야 2차 발효에서 틈새가 벌어지는 것을 막을 수 있다.

믹싱

01
버터와 크림치즈, 오렌지필을 제외한 모든 재료를 믹서볼에 넣고 믹싱한다.

02
크린업 단계가 되면 버터를 3회에 나누어 넣고 믹싱한다. 버터를 넣기 전 반죽온도는 24℃. 온도가 높을 경우에는 얼음물로 온도를 내려준 후 버터를 넣는다.

03
2가 충분히 섞이면 부드러운 상태의 크림치즈를 넣는다.

04
마지막 단계에서 오렌지필을 넣고 믹싱한다.

1차 발효

05
완성된 반죽온도가 25℃가 되면 50분간 1차 발효를 한다.

06
1차 발효 후의 상태.

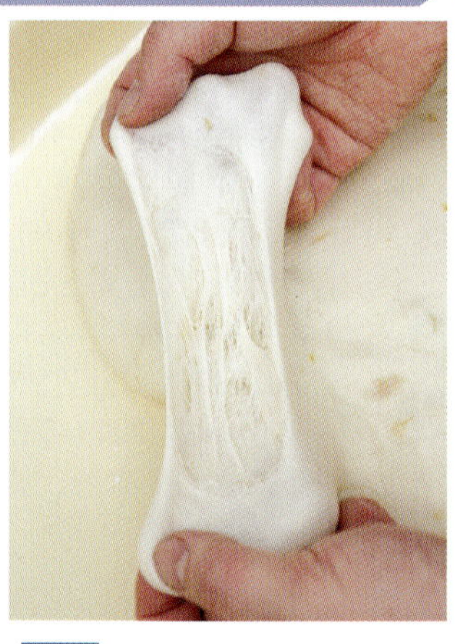

TIP
1차 발효가 되면 섬유질이 충분히 형성된다.

분할·벤치타임

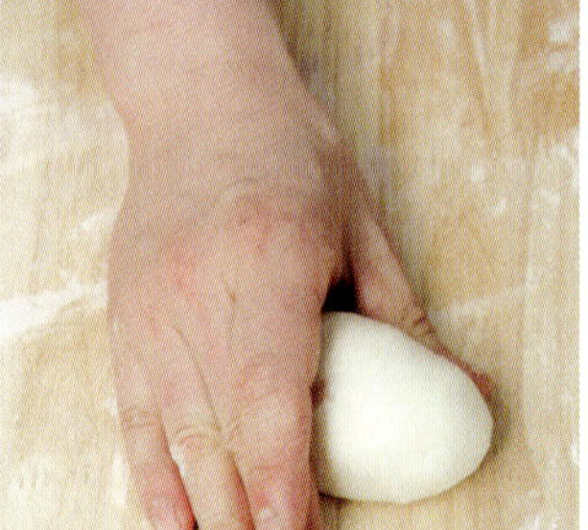

07
1차 발효가 끝나면 50g으로 분할하고 둥글리기를 한 후, 20분간 벤치타임에 들어간다.

성형

2차 발효

굽기

08
벤치타임이 끝나면 밀대로 밀어준다.

09
가로로 길게 둔 후 위에서 아래로 말아준다.

10
이음새 부분을 꼼꼼하게 마무리하여 발효 도중 벌어지지 않게 한다. 40분간 2차 발효에 들어간다.

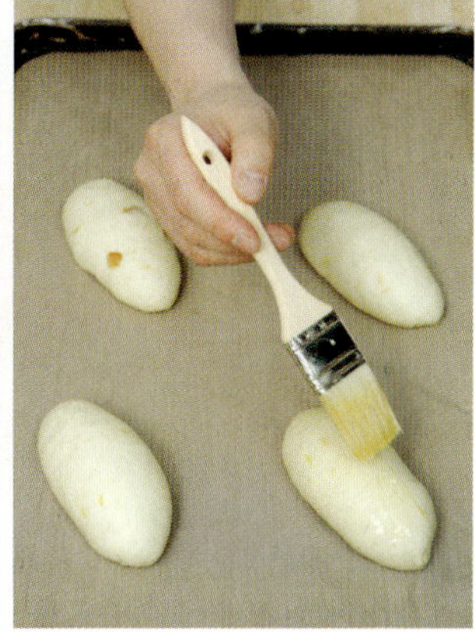

11
2차 발효가 끝나면 반죽 표면에 달걀물을 바른다.

마무리

12
위에 아몬드 슬라이스를 올린다.

13
분당을 뿌린 후, 상 185℃, 하 150℃ 오븐에 18분간 굽는다.

14
빵이 식으면 반으로 가른다.

15
요구르트 크림을 짜 넣어 완성한다.

Milk rolling twist

밀크롤링 트위스트

밀크롤링 시트를 브리오슈 반죽에 넣고 밀어접기를 해 만든 부드럽고 포송포송한 식감의 피라미드식 빵이다. 우유와 함께 먹으면 더욱 맛있게 먹을 수 있다.

재료

* 반죽	(g)
강력1등급	1,200
박력분	300
설탕	300
소금	27
분유	45
생이스트	53
달걀	150
노른자	150
생크림	75
물	450
무염버터	375
총중량	**3,125**

* 충전용 롤링	
밀크롤링 시트	1장

* 옥수수 토핑 크림	(g)
무염버터	200
설탕	160
달걀	140
식용유	12
우유	12
박력분	24
옥수수 분말	84

* 그 외	
스트로이젤	적당량

중요 공정

믹싱 1단 1분 → 2단 6분 → 버터를 3회에 나누어 투입 → 2단 4분, 반죽온도 26℃

1차 발효 5℃ 냉장고에서 3시간 냉장발효

밀어 펴기 3절 1회

분할 가로 2㎝ 세로 34㎝ 두께 1㎝

성형 꽈배기처럼 반으로 접어 트위스트한 후 틀에 넣는다.

2차 발효 32℃ 80% 40분

굽기 토핑용 크림을 짜서 굽는다.
상 185℃ 하 170℃ 20분

옥수수 토핑 크림 부록 참조

스트로이젤 부록 참조

Baking Tip

- 버터가 많이 들어가는 브리오슈 반죽은 냉장에서 15시간 발효시키면 작업하기 좋은 상태가 된다.

믹싱

01
버터를 제외한 모든 재료를 믹서볼에 넣고 믹싱한다.

02
크린업 단계가 되면 버터를 3회에 나누어 넣고 믹싱한다.

1차 발효

03
5℃ 냉장고에서 3시간 냉장 발효시킨다.

성형

04
밀크롤링 시트를 준비한다.

05
냉장발효된 반죽을 넓게 밀어 편 후, 가운데에 롤링 시트를 올린다.

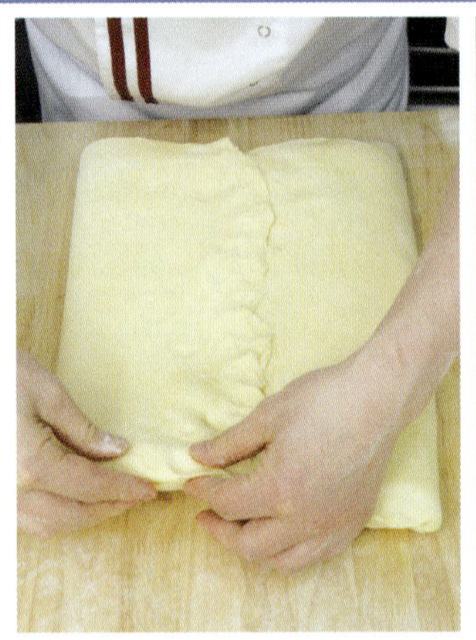

06
반죽을 접어 롤링 시트를 감싸준다.

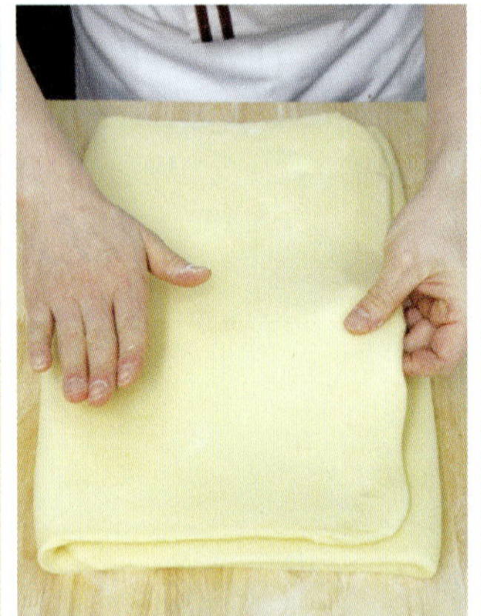

07
밀대로 밀어 넓게 편 후, 3절 1회 밀어접기를 한다.

08
다시 밀대로 두께 1㎝가 되도록 밀어준다.

분할·성형

09
세로 34㎝, 가로 2㎝가 되도록 재단·분할한다.

10
양쪽을 잡고 비틀어준다.

11
비튼 반죽을 반으로 접는다.

12
반으로 접은 후 꽈배기 모양으로 꼰다.

2차 발효

13
틀에 넣어 40분간 2차 발효시킨다.

14
2차 발효 후의 상태.

굽기

15
2차 발효가 끝나면 옥수수 토핑 크림을 짜준다.

16
스트로이젤을 뿌려서 상 185℃, 하 170℃ 오븐에 20분간 굽는다.

Apple bread

사과빵

아메리칸 스타일의 계피향이 나는 사과 충전물을 넣어 아삭아삭하게 씹히는 맛이 좋은 빵이다. 가끔은 이렇게 부드럽고 달콤하며 향기로운 빵을 먹는 것도 행복한 일일 것이다.

재료

* 반죽(62개 분량)	(g)
강력1등급	1,000
설탕	180
소금	16
분유	40
생이스트	38
달걀	3개
노른자	2개
우유	130
물	150
유산균사워종	150
무염버터	150
총중량	2,044

* 사과 충전물	(g)
판젤라틴	8장
황설탕	150
설탕	50
시너먼 가루	4
사과 다이스	1,200
차가운 물	42
전분	42
건포도	120

* 사과꼭지 만들기(1개당)	(g)
파트슈크레 반죽	2

* 그 외	
달걀물	적당량
분당	적당량

중요 공정

믹싱 1단 1분 → 2단 2분 → 버터 투입 → 2단 8분, 반죽온도 29℃

1차 발효 34℃ 85% 50분

분할 33g, 사과 충전물 40g

벤치타임 15분

성형 33g의 반죽에 40g의 사과 충전물을 넣고 은박컵을 넣은 틀에 팬닝한다.

2차 발효 34℃ 80% 40분

굽기 달걀물을 바르고 사과꼭지를 꽂아준다. 상 180℃ 하 170℃ 18분

사과 충전물 부록 참조

파트슈크레 반죽 부록 참조

Baking Tip

- 사과 충전물을 만들 때는 전분을 넣기 전에 수분을 충분히 날려 주고, 전분을 넣은 후에는 오래 끓이지 않는 것이 좋다. 마지막에 젤라틴을 넣은 후에는 불에서 내려 섞어준다.
- 굽는 과정에서 사과의 꼭지부분이 위로 올라오면 다시 한 번 아래로 눌러준 후 굽는다.

믹싱

01
버터를 제외한 모든 재료를 믹서볼에 넣고 믹싱한다.

02
크린업 단계가 되면 버터를 넣고 매끄럽게 믹싱을 한다.

1차 발효

03
반죽이 완성되면 둥글게 말아 50분간 1차 발효에 들어간다.

04
1차 발효 후의 상태.

분할·벤치타임

05
1차 발효된 반죽을 33g으로 분할한다.

06
분할한 반죽은 둥글리기를 하여 15분간 벤치타임을 갖는다.

성형

07
벤치타임이 끝나면 사과 충전물 40g을 넣고 잘 감싸준다.

08
완성된 상태.

2차 발효 / **굽기** / **마무리**

09
준비된 틀에 35mm 은박컵을 넣는다. 그 안에 반죽을 넣어 40분간 2차 발효를 한다.

10
2차 발효가 끝나면 반죽 표면에 달걀물을 바른다.

11
미리 구워놓은 꼭지 부분을 바닥까지 눌러서 고정을 시킨다. 상 180℃, 하 170℃ 오븐에 18분간 굽는다.

12
식으면 분당을 뿌려 마무리 한다.

사과꼭지 만들기

13
파트슈크레 반죽을 2g으로 분할한다.

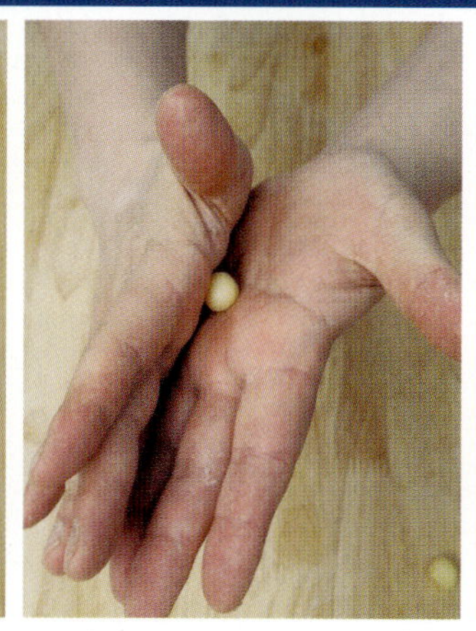

14
손바닥으로 굴려 길쭉하게 만든다.

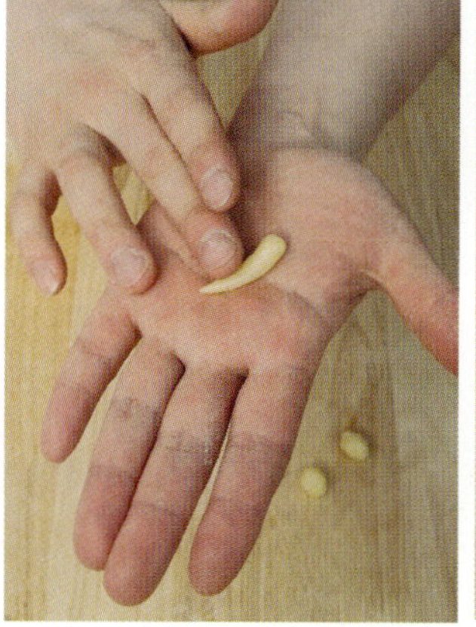

15
끝을 꼭지 모양으로 뾰족하게 만들어준다.

16
170℃ 오븐에서 10분 정도 굽는다.

Rubus coreanus & blueberry bread

복분자 블루베리빵

반죽과 필링에 복분자 엑기스를 넣어 복분자 향 가득한 달콤한 빵을 만들었다. 여럿이 나누어 먹기에도 좋다.

재료

* 반죽(22개 분량)	(g)
강력분	1,000
설탕	150
소금	16
분유	30
생이스트	40
물	620
복분자밀(복분자 시럽)	80
유산균사워종	150
무염버터	150
총중량	**2,236**

* 복분자 필링	(g)
크림치즈	500
설탕	155
소프트-T(타피오카)	400
검정깨	30
흰자	100
복분자밀	50

* 충전물	
건조 블루베리	적당량

* 복분자 블루베리 토핑	(g)
흰자	100
아몬드 분말	100
분당	100
검정깨	10

* 그 외	
분당	적당량

중요 공정

믹싱 1단 1분 → 2단 3분 → 버터 투입 → 2단 3분 → 3단 1분, 반죽온도 28℃

1차 발효 32℃ 80% 50분

분할 100g

벤치타임 20분

성형 복분자 필링 50g을 바른 후, 건조 블루베리를 올린다. 반죽을 말아준 후 칼집을 넣어 팬닝한다.

2차 발효 32℃ 80% 50분

굽기 토핑을 짠다. 상 170℃ 하 170℃ 25분

복분자 필링 부록 참조

복분자 블루베리 토핑 부록 참조

Baking Tip

- 틀이 좁고 길기 때문에 2차 발효를 오버하게 되면 옆 부분이 찌그러지는 현상이 생길 수 있으니 주의한다.
- 틀이 없을 경우는 밀어 펴서 충전물을 바르고 말아준 후 둥근 형태로 만들어도 된다.

믹싱 → **1차 발효** → **분할·벤치타임**

01
버터를 제외한 모든 재료를 믹서볼에 넣고 믹싱한다.

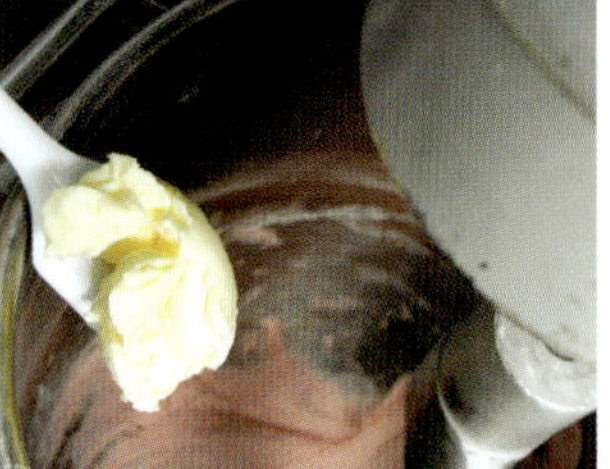

02
크린업 단계가 되면 버터를 넣고 믹싱한다. 믹싱이 완료되면 50분간 1차 발효에 들어간다.

03
1차 발효 후의 상태.

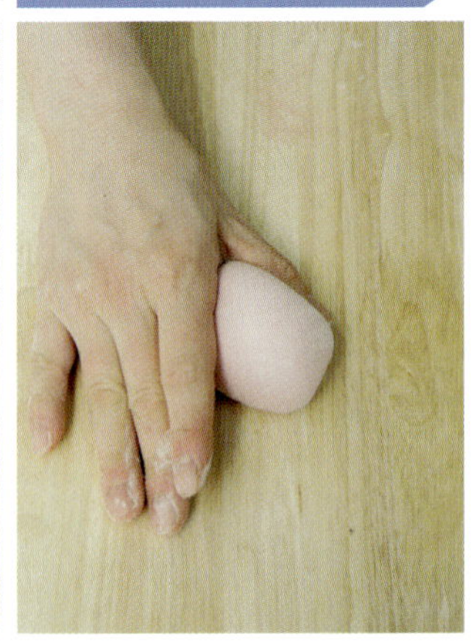

04
1차 발효가 끝나면 100g으로 분할하고 둥글리기해서 표면을 매끄럽게 만든 후, 20분간 벤치타임에 들어간다.

성형

05
벤치타임이 끝나면 밀대로 길게 밀어 편다.

06
반죽 위에 복분자 필링 50g을 바른다.

07
건조 블루베리를 올린다.

08
위에서 아래로 말아준다.

09
마무리는 손가락으로 꾹꾹 눌러준다.

10
틀 길이에 맞게 살짝 굴려준다.

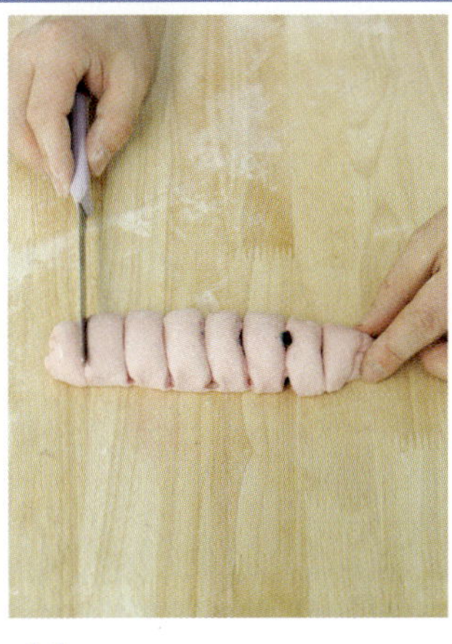

11
적당한 간격으로 칼집을 깊게 넣는다.

12
그대로 들어 틀에 넣는다.

2차 발효

13
50분간 2차 발효에 들어간다.

14
2차 발효 후의 상태. 2차 발효는 반죽의 윗면이 틀과 수평이 될 때까지 한다.

굽기

15
2차 발효가 끝나면 토핑을 짠 후, 상 170℃, 하 170℃ 오븐에 25분간 굽는다.

마무리

16
다 구워지면 식힌 후, 분당을 뿌려 마무리한다.

Korean wheat panelra crispy

우리밀 파넬라 크리스피

100% 우리밀을 사용하여 만든 반죽에 비정제한 파넬라슈거를 뿌려 만든 비스킷이다. 바삭한 식감 때문에 조금씩 잘라 먹어도 좋다. 잡곡을 넣어 씹을수록 고소한 맛이 난다.

재료

* 반죽(12개 분량)	(g)
우리밀백밀(중력분)	210
멀티그레인 믹스	40
설탕	7
소금	2
무염버터	7
생이스트	2
물	150
총중량	**418**

* 토핑	
녹인 버터	적당량
아몬드 슬라이스	적당량
마카다미아 분태	적당량
파넬라슈거	적당량

중요 공정

믹싱 1단 1분 → 2단 5분, 반죽온도 25℃

분할 35g

벤치타임 10분

성형 40×60㎝ 철판에 4장 팬닝.
얇게 타원형으로 밀어 편 후 녹인 무염버터를 바르고 아몬드 슬라이스, 마카다미아 분태와 파넬라슈거를 골고루 뿌려준다.

굽기 상 190℃ 하 140℃ 12분
(컨벡션오븐 160℃ 9분)

Baking Tip

- 토핑할 때 견과류를 나중에 올리면 크리스피 반죽에서 떨어지기 때문에 파넬라슈거를 마지막에 뿌려서 굽는다.
- 크리스피는 발효 없이 바로 진행된다.
- 멀티그레인 믹스 : 잡곡 가루
- 파넬라슈거 : 정제하지 않은 천연 설탕으로 미네랄이 풍부하다.

믹싱

01
우리밀백밀, 멀티그레인 믹스, 설탕, 소금, 버터, 생이스트를 넣는다.

02
1에 물을 넣고 발전 단계까지 믹싱한다.

03
반죽이 완성된 상태.

분할

04
완성된 반죽은 발효 없이 바로 분할에 들어간다.

05
35g으로 분할한다.

성형

06
분할한 반죽은 휴지를 주면서 밀대로 밀어 편다. 이때 타원형으로 크게 밀어 편다.

07
밀어 편 반죽을 실리콘페이퍼 위에 올린다.

08
녹인 버터를 골고루 바른다.

09
아몬드 슬라이스와 마카다미아 분태를 뿌린다.

굽기

10
파넬라슈거를 뿌린 후, 상 190℃, 하 140℃ 오븐에 12분간 굽는다.

11
바로 오븐에 구워주면 바삭한 식감의 우리밀 크리스피가 완성된다.

Walnut brioche

호두 브리오슈

충전물이 들어간 브리오슈 반죽에 몸에 좋은 호두를 듬뿍 올려 구운 고소한 빵이다. 견과류가 많이 들어간 만큼 고소한 맛이 특징이며 브리오슈 반죽이기 때문에 식감이 더욱 부드럽다.

재료

* 반죽(22개 분량)	(g)
강력1등급	800
우리밀백밀	400
설탕	250
소금	18
생이스트	30
달걀	7개
우유	320
유산균사워종	150
무염버터	350

* 충전물	(g)
호두 분태	300
트로피칼 믹스	100
완두배기	100
골든레이즌	150
총중량	**3,318**

* 토핑	(g)
흰자	195
설탕	375
아몬드 분말	180
호두 분태	375

중요 공정

믹싱 1단 1분 → 2단 8분 → 버터는 3번에 나누어 투입 → 2단 4분 → 충전물 혼합
반죽온도 26℃

1차 발효 28℃ 75% 60분

분할 150g

벤치타임 30분

성형 타원으로 밀어서 말아준다.

2차 발효 28℃ 75% 50분

굽기 토핑을 골고루 펴준다.
상 185℃ 하 160℃ 25분

토핑 만들기 흰자와 설탕을 40℃까지 데운 다음 나머지 재료를 넣고 섞어준다.

Baking Tip

- 토핑이 무겁기 때문에 2차 발효는 오버하지 않고 약간 부족하게 하는 것이 좋다.
- 버터를 반죽에 넣기 전 반죽온도는 24℃를 넘으면 안 되며 여름철에는 차가운 버터를 사용하는 것이 좋다.

믹싱

01

버터를 제외한 모든 재료를 믹서볼에 넣고 믹싱한다(브리오슈 반죽이므로 반죽온도 26℃를 꼭 지켜준다).

02

크린업 단계가 되면 버터를 3회에 나누어 넣고 믹싱한다.

03

반죽이 완성되면 충전물을 넣고 스크래퍼로 잘라 올리며 섞어준다.

1차 발효

04

충전물이 다 섞이면 둥글게 말아 60분간 1차 발효에 들어간다. 여름철에는 냉장발효로 안정된 발효를 시킬 수도 있다.

05

1차 발효 후의 상태.

분할

06

1차 발효가 끝나면 150g으로 분할한 후, 둥글리기해서 30분간 벤치타임에 들어간다.

성형

07

벤치타임이 끝나면 밀대로 밀어 편다.

08

가로로 길게 놓은 후 위에서 아래로 말아준다.

09

끝 부분은 손가락으로 꼭꼭 집어 마무리한다. 50분간 2차 발효에 들어간다.

2차 발효

10

2차 발효 후의 상태. 2차 발효는 토핑을 올려야 하기 때문에 약간 적게 발효시키는 것이 좋다.

굽기

11

2차 발효가 끝나면 토핑을 바른 후 굽는다. 토핑은 힘을 주지 않고 가볍게 바른다.

토핑 만들기

12

흰자와 설탕을 섞은 후, 40℃까지 데워준다(설탕이 녹을 정도).

13

아몬드 분말을 넣고 섞는다.

14

다 섞이면 호두 분태를 넣고 섞어 마무리한다.

Totoro cream bread

토토로 크림빵

아이들이 좋아하는 캐릭터에 쌀로 만든 커스터드 크림을 넣어 더 부드럽고 촉촉하게 만든 크림빵이다. 토토로의 귀여움 때문에 두 배로 더 맛있게 느껴지는 달콤한 캐릭터 빵이다.

재료

* 반죽(28개 분량)	(g)
강력분	720
박력분	80
소금	12
설탕	200
생이스트	32
탈지분유	17
물	305
유산균사워종	80
연유	40
노른자	120
무염버터	40
쇼트닝	40
총중량	**1,686**

*** 커스터드 크림**

부록 참조

* 토토로 배와 눈 만들기	(g)
파트슈크레 반죽	100
흰앙금	50

*** 파트슈크레 반죽**

부록 참조

*** 초코 반죽**

부록 참조

* 그 외	
물	적당량
달걀물	적당량

중요 공정

믹싱 1단 1분 → 2단 3분 → 버터 투입 → 2단 5분, 반죽온도 28℃

1차 발효 32℃ 80% 50분

분할 60g

벤치타임 20분

1차 성형 커스터드 크림 35g을 반죽에 넣고 감싸준다. 토토로 귀는 반죽의 일부를 떼어 만든다.

2차 발효 32℃ 80% 50분

2차 성형 토토로 배 반죽을 얇게 밀어서 틀로 찍어 올린다.

그리기 토토로 얼굴 모양을 그려준다.

굽기 상 180℃ 하 155℃ 20분 (컨벡션오븐 160℃ 15분)

마무리 구워져 나오면 달걀물을 바른다.

토토로 배와 눈 두 가지 재료를 잘 섞어서 사용한다.

Baking Tip

- 커스터드 크림을 넣을 때는 한쪽이 얇아지지 않도록 주의해야 한다.
- 초코 반죽으로 그릴 때는 가늘게 짜는 것이 더 좋다. 오븐에 들어가면 약간 퍼지기 때문에 그것을 감안하여 그려준다.

믹싱

01
버터를 제외한 모든 재료를 믹서볼에 넣고 믹싱한 후 크린업 단계가 되면 버터와 쇼트닝을 넣고 얇은 막이 생길 때까지 믹싱한다.

1차 발효

02
반죽이 완성되면 50분간 1차 발효에 들어간다.

분할·벤치타임

03
1차 발효된 반죽을 60g으로 분할하고 20분간 벤치타임을 갖는다.

1차 성형

04
벤치타임이 끝난 반죽 안에 커스터드 크림을 넣는다.

05
위쪽 반죽이 너무 얇게 되지 않도록 잘 감싸준다.

2차 발효

06
일부 반죽을 잘라 귀 부분을 만들고 본 반죽에 귀 부분을 붙인 후, 50분간 2차 발효에 들어간다.

07
2차 발효 후의 상태.

토토로 배와 눈 만들기

08
토토로 배 반죽을 밀대로 얇게 밀어 편다.

2차 성형

09
원형 커터를 이용해 배 부분을 원형으로 찍어낸다.

10
스크래퍼를 이용해 반으로 자른다.

11
남은 반죽에 모양깍지를 이용해 눈 부분을 동그랗게 찍어낸다.

12
2차 발효가 끝난 토토로 반죽 표면에 물을 바른다.

13
미리 만들어 반으로 잘라둔 토토로 배 반죽을 아래쪽에 올린다.

14
위쪽에 눈도 올려준다.

굽기

15
초코 반죽을 짤주머니에 담아서 토토로 얼굴 모양을 그려준다. 상 180℃, 하 155℃ 오븐에 20분간 굽는다.

마무리

16
구워져 나오면 표면에 달걀물을 바른다.

Triangle cream cheese

삼각 크림치즈

크랜베리가 들어간 반죽에 새콤달콤한 크림치즈를 넣고 파마산치즈를 골고루 묻혀 구워낸 쫀득하고 달콤한 크림치즈빵으로 모양도 재미있다.

재료

* 반죽(34.5개 분량)	(g)
강력1등급	900
소프트-T(타피오카)	100
설탕	70
소금	20
분유	20
생이스트	26
우유	330
물	350
무염버터	60

* 충전물	(g)
건조 크랜베리	130
호두 분태	70
총중량	**2,076**

* 크림치즈 필링	(g)
크림치즈	700
설탕	112
분당	84
크리미 비트(슈크림 믹스)	28
레몬즙	30

* 토핑	
파마산치즈 가루	적당량

중요 공정

믹싱 1단 1분 → 2단 1분 → 버터 투입 → 2단 8분 → 충전물 혼합

1차 발효 30℃ 75% 50분

분할 60g

벤치타임 20분

성형 크림치즈 필링 27g을 넣고 둥글게 뭉친 후 파마산치즈 가루에 굴려서 팬닝한다.

2차 발효 32℃ 75% 40분

굽기 상 180℃ 하 170℃ 17분
(컨벡션오븐 165℃ 15분)
윗면에 실리콘페이퍼를 덮어 철판을 올리고 굽는다.

크림치즈 필링 부록 참조

Baking Tip

- 크림치즈 필링은 냉장고에서 굳힌 다음 작업하는 것이 좋다.
- 전분이 섞인 파마산치즈 분말은 색과 맛이 부족하므로 그레늘레 타입을 사용하도록 한다.
- 팬닝을 할 때에는 반죽을 삼각형 틀에 맞게 꼼꼼히 눌러준다.
- 삼각 틀이 없을 경우 원형 틀을 사용해도 무관하다.

믹싱

01
버터를 제외한 모든 재료를 넣고 믹싱한다.

02
크린업 단계가 되면 버터를 넣고 발전 단계가 될 때까지 믹싱한다.

03
충전물을 넣고 스크래퍼로 반죽을 잘라 올려가며 골고루 잘 섞어준다.

1차 발효

04
충전물이 다 섞이면 둥글게 말아 50분간 1차 발효에 들어간다.

05
1차 발효 후의 상태.

분할·벤치타임

06
1차 발효가 끝나면 60g으로 분할하여 둥글리기를 한 후, 20분간 벤치타임을 갖는다.

성형

07
벤치타임이 끝난 반죽에 27g의 크림치즈 필링을 넣는다.

08
반죽을 가운데로 모아 잘 뭉쳐준다.

09
반죽 표면 전체에 스프레이를
이용해 물을 뿌려준다.

10
파마산치즈 가루 위에서 굴려
전체적으로 치즈 가루를 묻혀
준다.

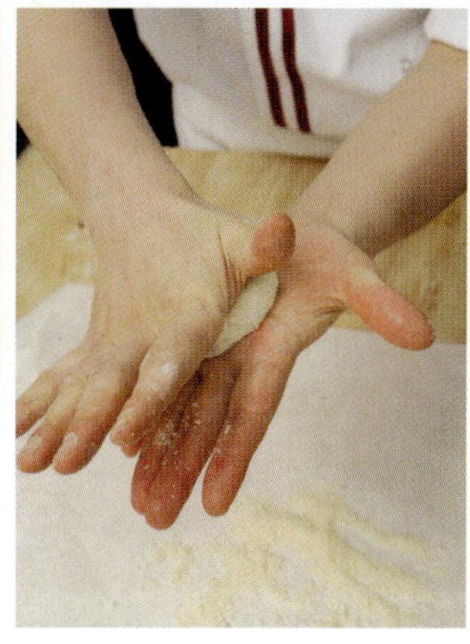

11
손바닥으로 살짝 눌러서 팬닝
하기 좋게 만든다.

12
삼각 틀에 반죽을 넣고 골고루
잘 펴준다. 삼각 틀이 없을 경
우에는 틀을 사용하지 않고 그
대로 팬닝하거나 원형 틀을 사
용해도 된다.

2차 발효

13
40분간 2차 발효에 들어간다.

14
2차 발효 후의 상태. 2차 발효
는 반죽의 윗면이 틀과 수평이
될 때까지 한다.

굽기

15
2차 발효된 반죽 위에 실리콘
페이퍼를 덮는다.

16
그 위에 다시 철판을 한 장 올
려서 상 180℃, 하 170℃ 오븐
에 17분간 굽는다. 윗면에 철
판을 덮어서 굽게 되면 빵이
더 쫄깃해지고 파마산치즈 맛
도 더 바삭해져서 또 다른 맛
을 즐길 수 있다.

Gruyere viennois

그뤼에르 비엔누아즈

커스터드 크림이 들어가는 비엔누아즈 반죽에 3가지 치즈를 섞어서 필링으로 사용했다. 치즈 맛이 풍부한 비엔누아즈다.

재료

* 반죽(20.5개 분량)	(g)
강력1등급	1,000
생이스트	20
소금	19
설탕	30
커스터드 크림	400
우유	520
유산균사워종	100
레몬쥬스	1
총중량	**2,090**

* 치즈 필링	(g)
크림치즈	500
그뤼에르치즈 J〈부록 참조〉	150
참 에멘탈치즈〈부록 참조〉	50

* 그 외	
달걀물	적당량

중요 공정

믹싱 1단 1분 → 2단 9분, 반죽온도 26℃

1차 발효 32℃ 80% 40분

분할 100g

벤치타임 15분

성형 반죽을 25㎝로 길게 밀고 가운데 치즈 필링 28g을 짠다. 잘 말아 30㎝로 늘여 준 후 칼집을 넣고 부메랑 모양으로 만든다.

2차 발효 32℃ 80% 30분

굽기 상 210℃ 하 150℃ 18분

치즈 필링 부록 참조

Baking Tip

- 이 반죽은 발효를 길게 하면 부드럽고 쫄깃한 맛이 없어지므로 주의한다.
- 치즈 필링은 비율을 바꿔서 더 진한 맛을 만들 수도 있다.
- 성형 시 칼집을 깊게 넣으면 치즈가 밖으로 새어나올 수 있으므로 주의한다.

믹싱 → **1차 발효** → **분할·벤치타임**

01
모든 재료를 넣고 발전 단계까지 믹싱한다(얇은 막이 생길 정도로 믹싱을 하면 반죽에 힘이 없어 탄력 있는 빵을 만들 수 없다).

02
반죽이 완성되면 1차 발효에 들어간다. 1차 발효는 40분을 넘기지 않고 바로 분할하는 것이 중요하다(지나칠 경우 반죽의 표면이 거칠어지는 현상이 생긴다).

03
1차 발효가 되면 100g으로 분할한다.

04
분할한 반죽은 둥글리기한 후 15분간 벤치타임을 갖는다.

치즈 필링 만들기 → **성형**

05
크림치즈를 부드럽게 풀어주고 그뤼에르치즈 J와 참 에멘탈치즈를 넣어준다.

06
재료를 완전히 섞는다.

07
벤치타임이 끝난 반죽을 밀대로 길게 밀어 편다.

08
반죽을 가로로 길게 놓고 치즈 필링 28g을 짤주머니에 넣어 가운데 길게 짠다.

09
치즈를 중심에 두고 반죽을 감싼다.

10
끝 부분을 손가락으로 꼭꼭 집어 잘 마무리한다.

11
양 끝 부분까지 꼼꼼하게 마무리한다.

12
전체적으로 굴려 반죽의 굵기를 고르게 한다(반죽이 한쪽으로 몰려 얇아지는 부분이 생기면 칼집을 냈을 때 터질 수 있다).

13
반죽에 대각선으로 칼집을 넣는다.

14
부메랑 모양으로 휘게 만든다.

2차 발효

15
달걀물을 바르고 30분간 2차 발효에 들어간다.

굽기

16
2차 발효가 끝나면 상 210℃, 하 150℃ 오븐에 18분간 굽는다.

Glutinous rice & coffee bread

찰떡궁합

찹쌀떡을 반죽 안에 넣고 커피 소스로 코팅한 도넛 모양의 달콤한 빵이다. 커피향과 우리나라 사람들이 선호하는 쫀득한 맛 때문인지 누구나 좋아하는 빵이다.

재료

* 반죽(52개 분량)	(g)
강력1등급	1,000
생이스트	20
소금	19
설탕	30
커스터드 크림	400
우유	520
유산균사워종	100
레몬주스	1
총중량	**2,090**

* 찹쌀 필링	(g)
찹쌀	100
설탕	15
소금	1
물	25
팥배기	20
통팥앙금	25

* 커피 소스	(g)
물	42
커피 분말	5
황설탕	120
커피 원두	23
무염버터	130

* 그 외	
흰깨	적당량

중요 공정

반죽 1차 발효까지는 그뤼에르 비엔누아즈 공정과 동일하다.

분할 40g

벤치타임 10분

성형 타원형으로 밀어 펴 찹쌀 필링 20g을 넣고 말아준다. 커피 소스 9g을 부은 틀에 넣는다.

2차 발효 32℃ 80% 30분

굽기 상 185℃ 하 165℃ 19분

찹쌀 필링 부록 참조

커피 소스 부록 참조

Baking Tip

- 커피 소스를 끓일 때 황설탕을 한꺼번에 넣게 되면 잘 녹지 않으므로 조금씩 녹여가며 넣는다. 버터도 조금씩 넣어가며 끓여준다.

1차 발효

분할·벤치타임

찹쌀 필링 만들기

01
그뤼에르 비엔누아즈와 같은 공정으로 반죽을 만들어 1차 발효시킨다. 발효는 40분을 넘기지 않도록 한다.

02
1차 발효된 반죽을 40g으로 분할한다.

03
분할한 반죽을 둥글리기하여, 10분간 벤치타임을 갖는다.

04
찹쌀 필링을 준비한다. 찹쌀, 설탕, 소금, 물을 섞은 후, 팥배기와 통팥앙금을 넣고 섞어준다.

성형

05
모든 재료가 충분히 섞이도록 잘 섞는다.

06
벤치타임이 끝난 반죽을 밀대로 길게 밀어 편다.

07
찹쌀 필링도 20g으로 분할하여 길쭉하게 밀어놓는다.

08
반죽 가운데 찹쌀 필링을 놓는다.

09
찹쌀 필링이 가운데 오도록 반죽으로 감싼다.

10
끝 부분을 손가락으로 꼭꼭 눌러 마무리한다.

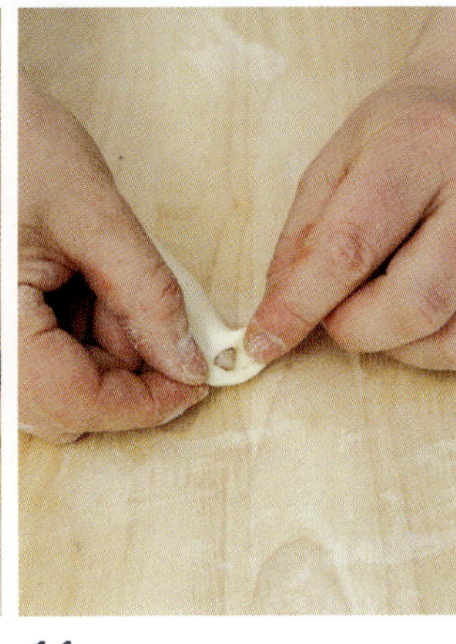

11
이때 한쪽 끝은 벌려놓는다.

12
다른 한쪽을 벌어진 쪽에 넣고 연결한다.

13
도넛 모양으로 연결시킨다.

14
틀에 9g의 커피 소스를 넣는다.

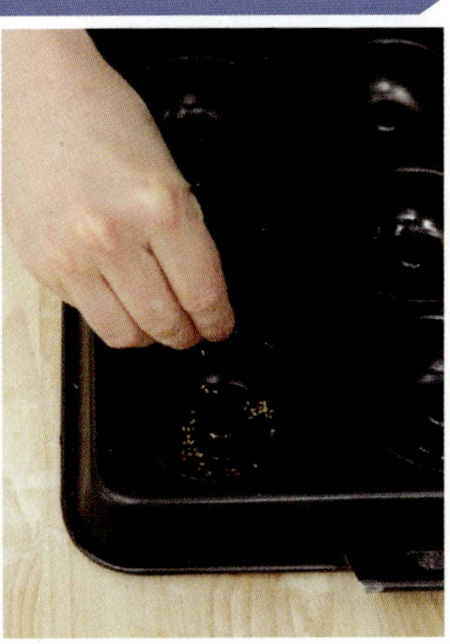

15
커피 소스 위에 흰깨를 뿌린다.

2차 발효·굽기

16
도넛 모양의 반죽을 올린 후 30분간 2차 발효시킨다. 반죽이 틀 높이까지 발효되면 상 185℃, 하 165℃ 오븐에서 19분간 굽는다.

Hazelnut bread

헤이즐넛 브레드

헤이즐넛 크림을 넣고 시너먼향이 가득한 캐러멜로 코팅한 달콤한 빵이다. 필링 속에 들어 있는 골든레이즌도 헤이즐넛의 맛과 아주 잘 어울린다.

재료

* 반죽(10개 분량)	(g)
강력1등급	1,000
설탕	180
소금	16
분유	40
생이스트	38
달걀	3개
노른자	2개
우유	130
물	150
유산균사워종	150
무염버터	150
총중량	**2,044**

* 충전물	(g)
골든레이즌(1개당)	40

* 헤이즐넛 크림	(g)
무염버터	200
설탕	150
마지팬	150
달걀	375
아몬드 분말	180
카스텔라	300
시너먼 가루	5
헤이즐넛 믹스	300

* 시너먼 필링	(g)
황설탕	300
무염버터	170
소금	2.5
꿀	230
시너먼 가루	6
바닐라오일	10

중요 공정

믹싱 1단 1분 → 2단 2분 → 버터 투입 → 2단 8분, 반죽온도 29℃

1차 발효 34℃ 85% 50분

분할 200g

벤치타임 20분

성형 반죽을 밀어 편 후, 헤이즐넛 크림 80g을 바르고 골든레이즌 40g을 뿌린 다음 말아준다. 말아놓은 반죽을 2/3만 8등분으로 커팅하여 팬닝한다.

2차 발효 32℃ 80% 60분

굽기 상 180℃ 하 180℃ 35분 (컨벡션 165℃ 25분)

헤이즐넛 크림 부록 참조

시너먼 필링 부록 참조

Baking Tip

- 시너먼 필링을 바닥에 잘 팬닝해야 오븐에서 나왔을 때 골고루 퍼져서 코팅이 된다.
- 팬닝하는 틀이 달라질 경우에는 헤이즐넛 크림과 시너먼 필링의 양을 적당히 조절하여 사용하는 것이 좋다.

믹싱·1차 발효

01
버터를 제외한 모든 재료를 믹서볼에 넣고 믹싱한다. 반죽이 매끄러워지면 버터를 넣고 믹싱한다.

02
반죽이 완성되면 둥글게 말아 50분간 1차 발효에 들어간다.

분할·벤치타임

03
1차 발효된 반죽을 200g으로 분할한다.

04
분할한 반죽을 둥글리기한 후, 20분간 벤치타임을 갖는다.

성형

05
벤치타임이 끝난 반죽을 밀대로 길게 밀어 펴준다.

06
밀어 편 반죽 위에 헤이즐넛 크림 80g을 골고루 펴 바르고 그 위에 골든레이즌을 뿌려준다.

07
위에서 아래로 말아준다.

08
끝 부분은 꼭꼭 집어 마무리한다.

09
이음새 부분을 아래로 향하게 둔다.

10
스크래퍼를 이용해 2/3 부분까지 8~9번 커팅해준다.

11
틀 바닥에 시너먼 필링을 깔아준다.

12
반죽을 틀 안에 넣고 연결시킨다.

2차 발효

13
윗부분을 눌러준 후, 60분간 2차 발효에 들어간다.

14
2차 발효 후의 상태. 2차 발효는 반죽이 틀 높이와 수평이 될 때까지 시킨다.

굽기

15
상 180℃, 하 180℃ 오븐에 35분간 굽는다. 구워져 나오면 시너먼 필링이 겉부분을 코팅해준다.

TIP
시너먼 필링으로 코팅이 되면 잘 마르지 않고 부드러움이 유지된다.

Panetone

파네토네

사랑하는 사람의 마음을 얻기 위해 만들었다는 파네토네는 크리스마스 파티에 빠지지 않는 빵이다. 매우 부드러워 이탈리아 오리지널 파네토네의 향기에 행복함을 느낄 것이다.

재료

* 충전물	(g)
건포도	375
오렌지스트림	150
디종 트리플색	60

* 반죽(25개 분량)	(g)
강력1등급	1,200
우리밀백밀(중력분)	300
소금	27
설탕	370
테그랄 돌체-파네〈부록 참조〉	300
분유	75
생이스트	30
노른자	300
우유	650
레몬잼	150
유산균사워종	300
무염버터	525
총중량	**4,812**

* 레몬잼	
레몬	1개
설탕	레몬 중량의 1/2

* 파네토네 토핑 크림	(g)
흰자	36
설탕	30
아몬드 분말	30

* 그 외	
아몬드 슬라이스	적당량
분당	적당량

중요 공정

믹싱 1단 1분 → 2단 8분 → 버터 3회에 나누어 투입 → 2단 2분 → 충전물 혼합 반죽온도 25℃

1차 발효 26℃ 70% 90분

분할 190g

성형 둥글리기해서 틀에 넣는다.

2차 발효 30℃ 80% 60분

굽기 파네토네 토핑 크림을 바르고 아몬드 슬라이스를 올린 후 분당을 뿌리고 굽는다. 컨벡션오븐 165℃ 25분

레몬잼 만들기

① 레몬을 소금물로 세척한다.

② 레몬을 충분히 삶은 후 씨를 제거하고 잘게 다진다.

③ 설탕을 넣고 조린다.

파네토네 토핑 크림 부록 참조

Baking Tip

- 버터가 많이 들어가는 브리오슈 반죽은 버터를 넣는 타이밍이 제일 중요하다. 밀가루 1kg에 버터가 350g 이상인 반죽이라면 반드시 글루텐이 완전히 발전된 상태에서 버터를 3회에 걸쳐 나누어 넣는다.
- 브리오슈 반죽에서 반죽온도는 상당히 중요하다. 버터를 넣기 전에 반죽온도를 체크하고 23~24℃에서 버터를 넣는다. 만일 온도가 높다면 얼음물을 볼에 대고 온도를 내린 다음 넣어주도록 한다.

충전물 만들기

믹싱

01
건포도와 오렌지스트림에 디종 트리플섹을 넣어 충전물을 미리 준비해둔다.

02
버터를 제외한 모든 재료를 믹서볼에 넣고 믹싱한다.

03
버터를 넣기 전 반죽온도가 24℃를 넘지 않도록 한다.

TIP
반죽 온도가 높으면 얼음물을 받쳐서 온도를 내려준다.

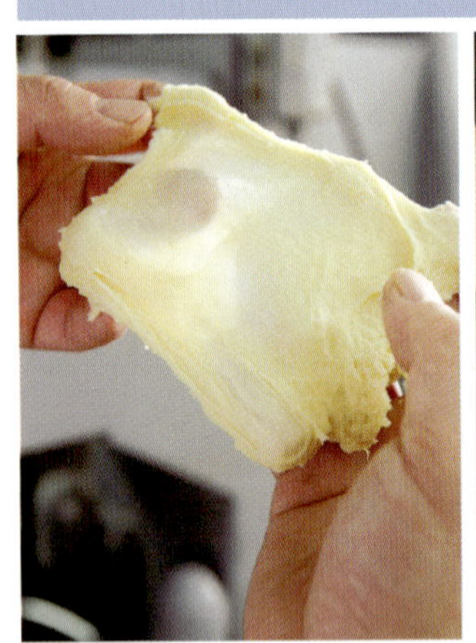

04
버터를 넣기 전 발전 단계의 반죽 상태.

05
4에 버터를 3회에 나눠 넣으며 믹싱한다.

06
반죽이 완성되면 얇은 막이 만들어진다.

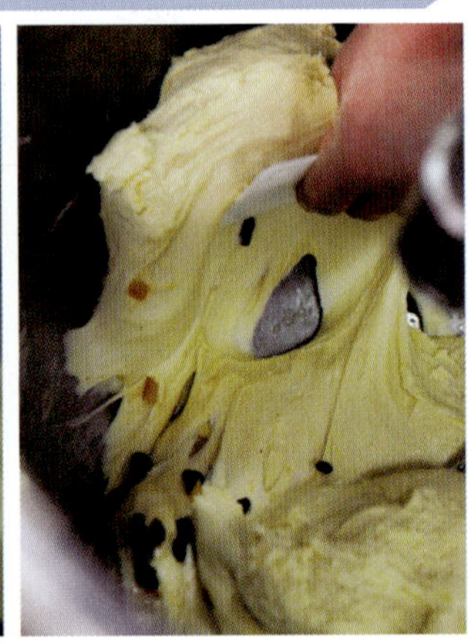

07
완성된 반죽에 충전물을 넣고 한곳에 뭉치지 않도록 스크래퍼로 반죽을 섞는다.

1차 발효

분할

08
충전물이 충분히 섞이면 기름기 없이 매끄럽고 윤기나는 상태가 된다. 이때 반죽온도는 26℃를 넘지 않아야 한다. 온도가 높으면 버터가 녹아 밖으로 흐르는 것이 보인다.

09
반죽이 완성되면 90분간 1차 발효에 들어간다.

10
1차 발효가 끝나면 190g으로 분할을 한다(실내온도가 높을 경우에는 냉장고에서 발효하는 것도 좋은 방법이나 시간을 길게 한다).

11
분할한 반죽은 둥글리기 한다.

2차 발효

굽기

12
벤치타임 없이 바로 파네토네 틀에 넣어 60분간 2차 발효에 들어간다.

13
2차 발효는 틀의 80% 높이까지 한다.

14
발효된 반죽 위에 토핑 크림을 바르고 아몬드 슬라이스를 올린다.

15
분당을 뿌리고 165℃ 컨벡션 오븐에서 25분간 굽는다.

Stollen

슈톨렌

크리스마스에 먹는 독일의 대표적인 빵이다. 과자와 같은 느낌으로 먹는 슈톨렌은 3개월 이상 숙성시킨 과일을 반죽에 넣어 그 풍미가 아주 특별하다.

재료

＊ 반죽(27개 분량)

중종 반죽	(g)
생이스트	75
우유	200
강력1등급	125
중력분	125

본 반죽	(g)
중종 반죽	전량
강력1등급	500
중력분	500
소금	22
설탕	125
넛메그	2
무염버터	500
마지팬	200
노른자	60
우유	600

＊ 충전물	(g)
숙성 프루츠 〈부록 참조〉	500
골든레이즌	500
오렌지스트립	100
마카다미아	200
총중량	**4,334**

＊ 마지팬	(g)
설탕	136
물	57
온수	51
아몬드 분말	270

＊ 그 외	
녹인 버터, 설탕, 분당	적당량

중요 공정

중종 반죽
믹싱 1단 1분 → 2단 1분
반죽온도 27℃, 32℃ 80% 30분 발효

본 반죽
믹싱 1단 2분 → 2단 4분 →
충전물 혼합 → 1단 1분, 반죽온도 26℃

1차 발효 26℃ 30% 40분

분할 틀 160g

벤치타임 20분

성형 손으로 말아 틀에 넣는다.

2차 발효 32℃ 75% 40분

굽기 컨벡션오븐 165℃ 30분

마무리 오븐에서 나오면 녹인 버터를 바르고 설탕을 묻힌다.
식으면 분당을 뿌린다.

마지팬 만들기
① 설탕과 물을 끓인다.
② 온수를 ①에 넣고 온도를 내려준다.
③ 아몬드 분말에 ②를 넣고 비터로 믹서한 다음 냉장보관 후 사용한다.

Baking Tip

- 슈톨렌은 과자같은 느낌의 빵으로 믹싱을 많이 하지 않으며 입에 넣었을 때 질긴 식감이 나면 안 된다.
- 슈톨렌이 완성되면 녹인 버터를 바르고 설탕을 묻혀서 통에 담아 냉장고에서 하루 동안 두었다가 분당을 뿌리고 랩을 씌워서 보관한다.

중종 반죽 믹싱

01
생이스트에 우유를 소량 넣고 잘 풀어준 후 나머지 우유를 넣고 강력분과 중력분을 넣는다.

02
한 덩어리가 되도록 섞어준다. 본 반죽의 믹싱 시간이 짧기 때문에 생이스트를 중종 반죽에 모두 넣어 활성화시킨다.

03
둥글게 말아 30분 동안 발효시킨다.

본 반죽 믹싱

04
충전물을 제외한 나머지 재료와 3을 넣고 크린업 단계까지 믹싱한다.

05
슈톨렌은 과자와 같은 느낌으로 먹는 빵이기 때문에 충전물을 넣고 섞일 정도로만 믹싱한다.

1차 발효

06
40분간 1차 발효에 들어간다.

분할·벤치타임

07
1차 발효가 끝나면 160g으로 분할을 한다.

08
분할한 반죽은 둥글리기하여 20분간 벤치타임을 갖는다.

성형

09
반죽을 위에서 아래로 가볍게 말아준다. 반죽이 부드럽고 약하기 때문에 힘을 강하게 주면 반죽이 찢어지는 현상이 생기니 주의한다.

10
이음새가 위로 향하도록 하여 틀에 넣는다.

2차 발효

11
반죽이 틀에 잘 채워지도록 가장자리까지 잘 눌러 팬닝한다. 40분간 2차 발효에 들어간다.

굽기

12
2차 발효가 끝나면 뚜껑을 덮어서 165℃ 컨벡션오븐에 30분간 굽는다.

마무리

13
슈톨렌이 구워져 나오면 바닥 부분까지 꼼꼼하게 녹인 버터를 발라준다. 버터는 공기를 차단함으로써 노화를 늦춰준다.

14
버터를 바른 슈톨렌에 설탕을 전체적으로 묻혀준다.

15
설탕을 바른 슈톨렌을 통에 넣어 냉장고에서 하루 보관한다.

16
하루가 지난 슈톨렌에 분당을 뿌리고 랩으로 싸서 보관한다.

PART 06
베지터블 브레드

Potato & Cheese

포테이토 & 치즈

담백한 감자와 고소한 치즈의 조화가 돋보이는 빵으로 바질 페스토와 함께 먹으면 더욱 맛있게 즐길 수 있다.

재료

* 반죽(11개 분량)	(g)
강력분	800
우리밀백밀	200
설탕	50
소금	20
생이스트	8
화이트 르방	150
파슬리	4
물	630
유산균사워종	100
올리브오일	50
총중량	2,012

* 충전물	(g)
볶은 감자	600
롤치즈	200

* 그 외	
밀가루	적당량

중요 공정

믹싱 1단 1분 → 2단 3분 → 3단 1분 → 올리브오일 투입 → 2단 4분, 반죽온도 26℃

1차 발효 28℃ 70% 60분 → 펀치 → 40분

분할 180g

벤치타임 25℃ 35% 30분

성형 타원형으로 눌러 펴서 볶은 감자, 롤치즈를 넣고 말아준다.

2차 발효 28℃ 70% 50분

굽기 쿠프·스팀 주입
상 230℃ 하 210℃ 20분

Baking Tip

- 성형할 때 감자가 윗면에 오도록 마는 것이 좋다. 쿠프를 넣는 빵이므로 벌어진 곳을 통해 감자가 보여지기 때문이다. 그렇게 되면 시각적으로도 더 맛있어 보이는 효과를 얻을 수 있다.
- 파마산 슈레드치즈를 윗면에 토핑하면 더욱 맛있는 빵을 만들 수 있다.

믹싱 **1차 발효**

01
올리브오일을 제외한 나머지를 모두 넣고 믹싱한다.

02
반죽의 마지막 단계에서 올리브오일을 넣고 믹싱한다.

03
반죽이 완성되면 둥글게 말아 60분간 1차 발효에 들어간다.

04
1차 발효 60분이 되면 펀치를 준다.

05
펀치는 좌, 우, 상, 하로 4번 접어준다.

06
펀치를 주면 좀 더 탄력 있는 반죽이 된다. 펀치 후 40분 동안 발효에 들어간다.

분할·벤치타임

07
1차 발효된 반죽을 180g으로 분할하고 30분의 벤치타임을 갖는다.

성형

08
벤치타임이 끝난 반죽을 손가락으로 눌러서 넓게 펼쳐준다.

09
반죽 위에 볶은 감자와 롤치즈를 골고루 올린다.

10
위에서 아래 방향으로 말아준다. 이때 충전물이 밖으로 나오지 않도록 꼼꼼하게 말아준다.

2차 발효

11
팬닝 후 50분간 2차 발효에 들어간다.

12
2차 발효 후의 상태.

굽기

13
2차 발효가 끝나면 반죽 위에 밀가루를 뿌린다.

14
S자로 칼집을 넣는다. 상 230℃, 하 210℃ 오븐에 스팀 주입 후 20분간 굽는다.

Potato & Salad

포테이토 & 샐러드

포테이토 샐러드를 넣어 식감이 부드럽고 시간이 지나도 촉촉함을 유지해 누구나 쉽게 즐길 수 있는 빵이다.

재료

* 포테이토 샐러드	(g)
삶은 감자	500
포테이토 샐러드 〈부록 참조〉	1,000
모짜렐라 다이스치즈〈부록 참조〉	100
소금	적당량
후추	적당량

* 반죽(32개 분량)	(g)
강력분	1,000
설탕	100
소금	20
생이스트	33
우유	300
물	280
유산균사워종	150
무염버터	50
총중량	**1,933**

* 토핑(1개당)	
볶은 감자	3조각
파슬리	적당량

* 그 외	
올리브오일	적당량

중요 공정

믹싱 1단 1분 → 2단 2분 → 버터 투입 → 3단 2분 → 2단 2분, 반죽온도 27℃

1차 발효 30℃ 80% 40분

분할 60g

벤치타임 20분

성형 반죽 60g에 샐러드 40g을 넣고 감싸준다.

2차 발효 30℃ 80% 40분

굽기 볶은 감자 3조각을 중앙에 눌러서 올린 후 파슬리를 뿌린다.
상 190℃ 하 160℃ 18분

마무리 구워져 나오면 올리브오일을 바른다.

포테이토 샐러드 부록 참조

Baking Tip

- 샐러드를 반죽에 넣을 때 윗면이 너무 얇으면 구울 때 색이 안 나기 때문에 주의해서 넣는다.
- 이스트의 양이 다른 빵보다 많기 때문에 작업속도가 빠르다.
- 믹싱은 오버하지 말고 90% 정도 해야 더욱 부드러운 빵을 만들 수 있다.

포테이토 샐러드 만들기

01
삶은 감자는 으깨서 준비해놓는다.

02
포테이토 샐러드에 으깬 감자, 모짜렐라 다이스치즈를 넣고 섞어준다.

03
마지막에 적당량의 소금, 후추로 간을 해 둔다.

믹싱

04
버터를 제외한 모든 재료를 믹서볼에 넣고 믹싱한다.

05
크린업 단계가 되면 버터를 넣고 발전 단계까지 믹싱한다.

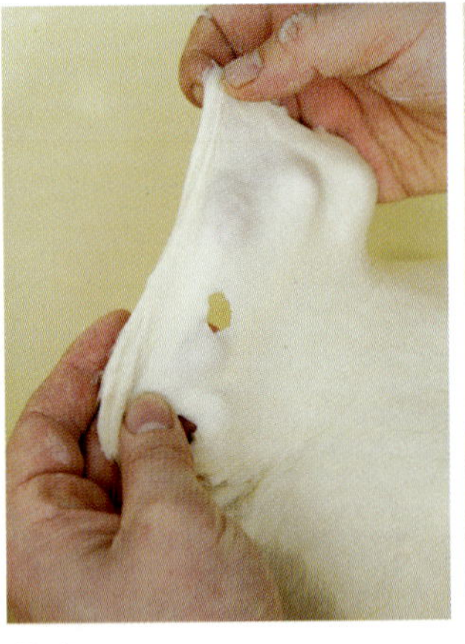

06
발전 단계의 반죽 상태.

1차 발효

07
반죽이 완성되면 40분간 1차 발효에 들어간다.

08
1차 발효 후의 상태.

분할·벤치타임

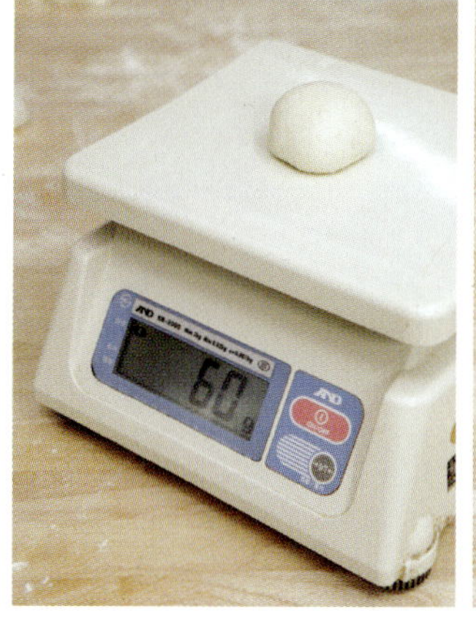

09
1차 발효가 끝나면 60g으로 분할한다. 분할한 반죽을 둥글리기한 후, 20분간 벤치타임을 갖는다.

10
벤치타임 후의 상태.

성형

11
벤치타임이 끝나면 40g의 포테이토 샐러드를 넣고 잘 감싸준다.

12
샐러드가 질기 때문에 싸는데 주의해서 작업한다.

13
끝 부분은 가운데로 모아 마무리한다.

2차 발효

14
적당한 간격을 두고 팬닝한 후, 40분간 2차 발효에 들어간다.

굽기

15
2차 발효가 되면 볶은 감자 3개를 올린다. 이때, 굽는 과정에서 올라오지 않도록 감자를 깊숙히 눌러 넣는다.

16
감자 위에 파슬리를 조금 뿌린다. 상 190℃, 하 160℃ 오븐에 18분간 구운 후 올리브오일을 바른다.

Korean wheat calzone

우리밀 칼조네

칼조네는 우리네 만두처럼 만들어 오븐에 구운 이탈리아 빵으로, 우리밀 100%로 만든 반죽에 매콤한 치킨과 부드러운 치즈를 넣어 더욱 맛있다.

재료

* 반죽(16개 분량)	(g)
우리밀백밀	500
물	290
올리브오일	16
생이스트	4
소금	8
설탕	6
세몰리나〈부록 참조〉	적당량
총중량	**824**

* 우리밀 칼조네 충전물(20개 분량)	(g)
양배추	400
양파	300
버터	적당량
소금	적당량
스파이시 치킨	1,000

* 그 외(1개당)	(g)
식빵	적당량
물	적당량
참 에멘탈치즈〈부록 참조〉	16

중요 공정

믹싱 1단 1분 → 2단 8분, 반죽온도 25℃

벤치타임 5분

분할 50g

숙성 5℃ 냉장고에서 6~24시간 숙성

성형 밀대를 사용해 지름 20㎝ 원형을 만들고 충전물 60g과 참 에멘탈치즈 16g을 넣은 후 반으로 접어 모양을 만든다.

굽기 상 240℃ 하 220℃ 7분

우리밀 칼조네 충전물 부록 참조

Baking Tip

- 이 반죽은 5℃ 냉장고에서 3일간 보관이 가능하다.
- 보관할 때는 1개씩 비닐봉지에 넣어 딱 맞게 묶어서 발효가 억제되도록 하여 보관한다.
- 구울 때는 실리콘페이퍼를 사용하여 오븐 바닥에서 굽는다.

믹싱·벤치타임

분할·숙성

성형

01
모든 재료를 믹서볼에 넣고 믹싱한다.

02
믹싱은 발전 단계까지 한다. 과다한 믹싱은 밀어 펴는 과정에서 수축이 많이 될 수 있기 때문에 주의한다. 5분간 벤치타임을 갖는다.

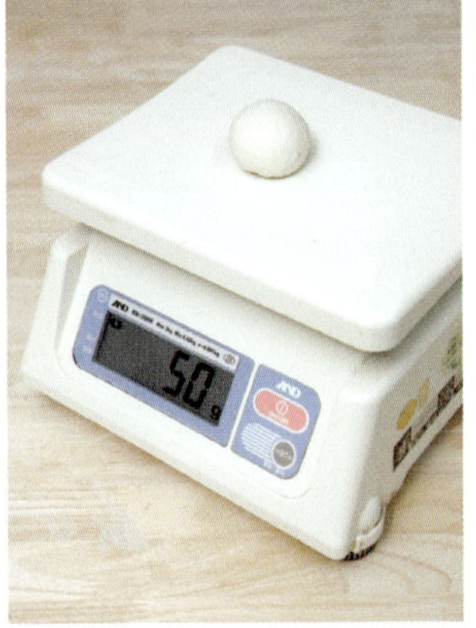

03
1차 발효 없이 바로 50g씩 분할해 한 개씩 비닐에 넣은 후 5℃ 냉장고에서 하루 정도 숙성시켜 쫀득하고 부드러운 반죽을 만든다.

04
숙성시킨 반죽에 세몰리나를 앞뒤로 충분히 묻힌다.

05
밀대를 이용해 반죽을 원형으로 밀어 편다. 한 번에 밀기 힘들 때는 잠시 휴지를 주고 다시 밀어 펴기를 한다.

06
지름이 20㎝가 될 때까지 밀어 편다.

07
식빵을 준비해 원형 틀로 찍는다.

08
원형의 식빵을 반으로 잘라 반달 모양으로 만든다.

09
반죽 위쪽에 식빵을 놓고 가장자리에는 물을 발라 잘 붙게 해준다. 이때 식빵은 수분을 흡수하는 역할을 한다.

10
우리밀 칼조네 충전물을 식빵 위에 올려준다.

11
참 에멘탈치즈를 충전물 위에 짠다.

12
반죽을 반으로 접는다.

13
반죽의 가장자리를 손가락으로 꼭꼭 눌러준다.

14
공기가 새어 나오지 못하도록 하고 다시 끝 쪽을 안으로 접어서 모양을 만들어준다.

15
완성된 상태.

굽기

16
실리콘페이퍼에 올려, 상 240℃, 하 220℃ 오븐에 7분간 굽는다.

Garlic naan

갈릭 난

마늘 소스와 치즈의 달콤함을 함께 즐길 수 있는 난이다. 높은 온도에 구워 부드러운 것이 특징이며 소스 때문에 촉촉함이 오랫동안 유지된다.

재료

* 반죽(20.5개 분량)	(g)
강력분	1,000
소금	20
생이스트	10
화이트 르방	200
물	720
파슬리	4
무염버터	60
올리브오일	60

* 충전물	(g)
몬테레이잭 다이스치즈	200
체더 다이스치즈	200
총중량	**2,474**

* 마늘 소스	(g)
마요네스	100
설탕	50
달걀	35
생크림	25
팡럼 〈부록 참조〉	3
생마늘 간 것	18

* 토핑	
올리브오일	적당량
마늘 소스	적당량
모짜렐라 다이스치즈	적당량
파슬리	적당량

중요 공정

믹싱 1단 1분 → 2단 3분 → 소금 투입 → 2단 2분 → 버터 투입 → 올리브오일 투입 → 2단 3분 → 충전물 혼합, 반죽온도 26℃

1차 발효 28℃ 75% 60분

분할 120g, 고깔모양

벤치타임 28℃ 75% 30분

성형 올리브오일을 반죽에 바르고 철판에 난 모양으로 성형한다. 마늘 소스를 바르고 모짜렐라 다이스치즈와 파슬리를 뿌린다.

2차 발효 32℃ 85% 40분

굽기 스팀 주입, 상 230℃ 하 200℃ 13분

마무리 오븐에서 나오면 올리브오일을 발라준다.

마늘 소스 부록 참조

Baking Tip

- 벤치타임을 여유 있게 주고 손가락으로 늘여줄 때는 반죽에 무리가 되지 않도록 한다.
- 색이 너무 진해지지 않도록 하고 부드럽게 구워내는 것이 포인트이다.
- 성형할 때는 소스가 밖으로 흐르지 않게 가장자리를 높게 만든다.

믹싱

01
버터와 올리브오일을 제외한 모든 재료를 믹서볼에 넣고 믹싱한다.

02
크림업 상태가 되면 버터를 넣고 믹싱한다.

03
올리브오일을 넣고 믹싱한다.

04
반죽이 완성되면 판에 옮긴다.

05
충전물을 넣고 스크래퍼로 잘라 올리며 섞는다.

1차 발효

06
충전물이 잘 섞이면 둥글게 말아 60분간 1차 발효에 들어간다.

07
1차 발효 후의 상태.

분할·벤치타임

08
1차 발효가 끝나면 120g으로 분할한다.

성형

09
분할한 반죽을 길쭉하게 만 후 끝을 뾰족하게 굴려 고깔 모양으로 만든다. 성형할 때 반죽에 무리가 없도록 하기 위함이다.

10
판에 올려 30분간 벤치타임을 갖는다.

11
벤치타임이 끝나면 실리콘페이퍼에 올린다.

12
반죽에 올리브오일을 바르고 손가락으로 가운데에서 가장자리로 늘여가며 펼쳐준다.

2차 발효·굽기

13
펼친 반죽에 마늘 소스를 바른다.

14
모짜렐라 다이스치즈를 뿌린다.

15
마지막으로 파슬리를 뿌린 후, 40분간 2차 발효시킨다.

16
2차 발효가 끝나면 상 230℃, 하 200℃ 오븐에 스팀 주입 후 13분간 굽는다. 구워져 나오면 올리브오일을 바른다.

Gorgonzola & Onion

고르곤졸라 & 어니언

부드러운 양파빵에 고르곤졸라 크림치즈를 짜서 구워낸 고급스럽고 담백한 맛의 조리빵이다. 빵 위에 소스가 올려져 있어 빵을 촉촉하게 유지시켜준다.

재료

* 반죽(24개 분량)	(g)
강력1등급	800
우리밀백밀(중력분)	200
설탕	100
소금	18
파슬리	5
생이스트	30
달걀	180
물	450
유산균사워종	100

* 충전물	(g)
건조 크랜베리	100
다진 양파	200
총중량	**2,183**

* 그뤼에르 소스	(g)
그뤼에르치즈 J 〈부록 참조〉	100
휘핑크림	30
생크림	20

* 토핑(1개당)	(g)
그뤼에르 소스	6
다진 양파	16
고르곤졸라 크림치즈 〈부록 참조〉	6

* 그 외	
달걀물	적당량
버터	적당량
파슬리	적당량

중요 공정

믹싱 1단 1분 → 2단 8분 → 충전물 혼합

1차 발효 32℃ 80% 60분

분할 90g

벤치타임 15분

성형 타원형으로 말아준다.

2차 발효 32℃ 80% 40분

굽기 상 200℃ 하 160℃ 12분.
달걀물을 바른다. 중앙에 쿠프를 주고 버터를 짜준 후 굽는다. 구워져 나오면 그뤼에르 소스를 짠 다음 다진 양파와 고르곤졸라 크림을 짜고 4분 굽는다.

그뤼에르 소스 부록 참조

Baking Tip

- 그뤼에르 치즈(100g)에 생크림(40g)을 넣고 끓이면 샌드위치나 드레싱 소스로도 사용이 가능하다.
- 굽기 전 갈라진 부분에 버터를 짜주는 것은 터짐을 좋게 하여 토핑을 안정되게 올릴 수 있게 하기 위해서이다.

믹싱

01
모든 재료를 믹서볼에 넣고 믹싱한다.

02
반죽이 완성되면 충전물을 넣고 스크래퍼로 반죽을 잘라 올리며 섞어준다. 양파가 으깨지면 발효와 맛에 지장을 주므로 기계를 사용하지 않는다.

1차 발효

03
충전물이 잘 섞이면 둥글게 말아 60분간 1차 발효에 들어간다. 1차 발효 후의 상태

분할·벤치타임

04
1차 발효된 반죽을 90g으로 분할한 후 15분간 벤치타임을 갖는다.

성형

05
벤치타임이 끝난 반죽을 손바닥으로 눌러 평평하게 만든다.

06
위에서 아래로 말아준다.

07
끝 부분은 손가락으로 꼭꼭 집어 마무리한다.

2차 발효

08
실리콘페이퍼에 올려 40분간 2차 발효시킨다.

굽기

09
2차 발효 후의 상태.

10
2차 발효가 끝나면 반죽 표면에 달걀물을 바른다.

11
가위로 반죽의 가운데 부분을 잘라준다. 반죽이 부드럽기 때문에 칼을 사용하지 않고 가위를 사용하여 모양을 내준다.

12
갈라진 부분에 버터를 한 줄 짠 후, 상 200℃, 하 160℃ 오븐에 12분간 굽는다.

13
오븐에서 구워져 나오면 갈라진 부분에 토핑을 한다. 먼저 그뤼에르 소스를 지그재그로 짜준다.

14
그 위에 다진 양파를 올린다.

15
양파 위에 고르곤졸라 크림치즈를 지그재그로 뿌려준다.

16
마지막으로 파슬리를 조금 뿌린 후, 4분간 더 굽는다.

Shrimp bread

새우 브레드

부드러운 밥새우를 넣고 마요네즈 머스터드 소스를 샌드하여 조리빵을 먹는 듯한 느낌을 주는 새우빵이다. 달콤한 토핑이 올라가 아이들도 좋아한다.

재료

* 반죽(13.5개 분량)	(g)
강력1등급	350
우리밀백밀(중력분)	50
소금	6
설탕	100
생이스트	15
분유	9
물	160
유산균사워종	40
연유	20
노른자	60
쇼트닝	20

* 충전물	(g)
밥새우	10
총중량	**830**

* 옥수수 토핑 크림	(g)
무염버터	200
설탕	160
달걀	140
박력분	24
옥수수 분말	84
우유	12
식용유	12

* 마요네즈 머스터드 소스	(g)
마요네즈	200
머스터드	20
설탕	20
다진 양파	60
피클	1/4

중요 공정

믹싱 1단 1분 → 2단 1분 → 버터 투입 → 2단 5분 → 3단 1분 → 새우 투입 → 2단 1분, 반죽온도 27℃

1차 발효 32℃ 80% 50분

분할 60g

벤치타임 20분

성형 스틱 형태로 말아준다.

2차 발효 32℃ 80% 50분

굽기 토핑을 지그재그로 짜준다.
상 185℃ 하 150℃ 18분

마무리 마요네즈 머스터드소스 30g을 샌드한다.

마요네즈 머스터드 소스 부록 참조

옥수수 토핑 크림 부록 참조

Baking Tip

- 일반 건조새우를 사용할 경우 식감이 거칠어서 적합하지 않다.
- 밥새우는 일본 크릴새우의 일종을 말린 것으로 흔히 밥에 뿌려 먹는다.
- 단맛을 싫어한다면 토핑의 양을 조절한다.
- 샌드하는 머스터드의 양에 따라 새콤한 맛이 결정되므로 적당한 양을 넣어 주는 것도 중요하다.

믹싱

01
버터와 쇼트닝을 제외한 모든 재료를 믹서볼에 넣는다.

02
반죽이 뭉쳐질 정도로 믹싱한다.

03
크린업 단계가 되면 버터와 쇼트닝을 넣고 발전 단계까지 믹싱한다.

04
3이 끝나면 밥새우를 넣고 믹싱한다.

1차 발효

05
반죽이 완성되면 50분간 1차 발효에 들어간다.

06
1차 발효 후의 상태.

분할·벤치타임

07
1차 발효가 끝나면 60g으로 분할하고 둥글리기를 한 후 20분간 벤치타임을 갖는다.

성형

08
벤치타임이 끝나면 밀대를 사용해 길쭉하게 밀어 편다.

09
좌우로 길게 놓고 위에서 아래로 2번 말아준다.

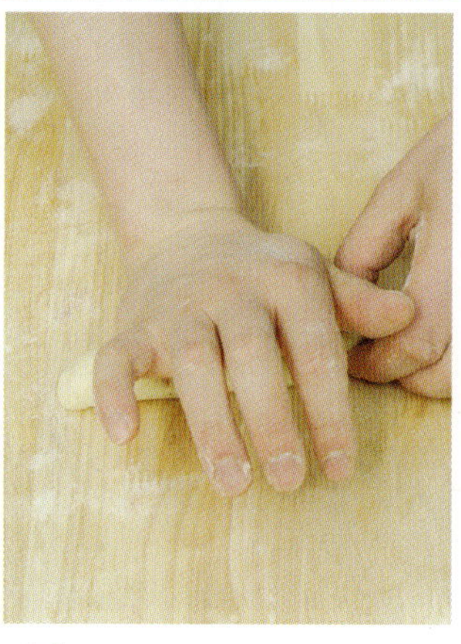

10
마무리는 손바닥 끝으로 꾹꾹 눌러준다.

11
이음새 부분이 벌어질 수 있으므로 다시 한 번 손가락으로 꼭꼭 집어준다.

12
전체적으로 굴려 굵기를 같게 한다.

2차 발효

13
50분간 2차 발효에 들어간다.

굽기

14
2차 발효가 끝나면 토핑 크림을 지그재그로 짜준다. 상 185℃, 하 150℃ 오븐에 18분간 굽는다.

마무리

15
빵이 식으면 반으로 가른다.

16
가른 면에 마요네즈 머스터드 소스를 바른 후 완성한다.

PART 07

베이글 & 식빵

Onion bagel

어니언 베이글

양파를 넣어 고소하고 담백하게 먹을 수 있는 베이글이다. 아침에 샐러드, 치즈와 함께 먹거나 크림치즈를 발라 먹으면 더욱 환상적인 맛의 궁합을 느낄 수 있다.

재료

* 반죽(18개 분량)	(g)
강력1등급	1,000
소금	18
생이스트	20
설탕	80
버터	50
물	500
유산균사워종	70

* 충전물	(g)
다진 양파	100
총중량	**1,838**

* 베이글 데치는 물	(g)
물	3,000
설탕	150

* 그 외	
달걀물	적당량

중요 공정

믹싱 1단 1분 → 3단 2분 → 2단 5분 → 충전물 혼합, 반죽온도 29℃

1차 발효 34℃ 80% 30분

분할 100g

벤치타임 20분

성형 밀대로 밀어서 베이글 모양으로 만든다.

2차 발효 34℃ 80% 20분

데치기 90℃ 물에 앞뒤로 12~15초씩 데친다.

굽기 상 220℃ 하 180℃ 18분

마무리 구워져 나오면 달걀물을 바른다.

Baking Tip

- 1차 발효를 길게 하면 반죽의 쫀득함이 사라진다.
- 물에 데칠 때는 시간을 꼭 지켜주어야 한다. 너무 높은 온도로 끓이면 표면이 거칠어지고 오븐스프링이 작게 되어 딱딱하고 질긴 베이글이 된다.

믹싱

01
모든 재료를 믹서볼에 넣고 발전 단계까지 믹싱한다.

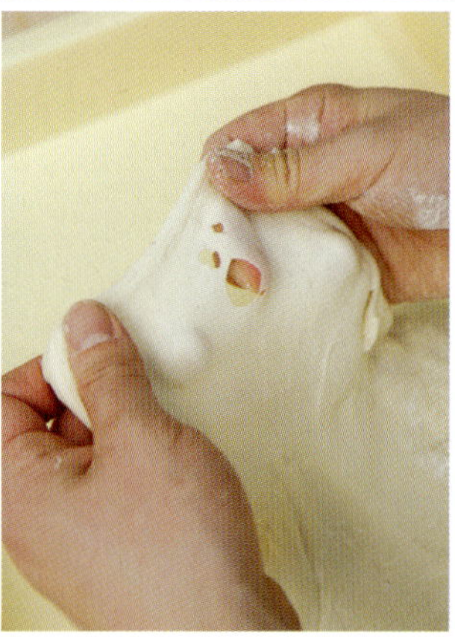

02
발전 단계가 끝난 반죽의 상태.

03
반죽이 완성되면 판에 옮긴 후 다진 양파를 넣고 스크래퍼를 이용해 잘라 올리며 섞는다.

1차 발효

04
둥글게 말아 30분간 1차 발효에 들어간다.

분할·벤치타임

05
1차 발효가 끝나면 100g으로 분할한다.

06
약간 긴 모양으로 둥글리기 한 후 20분간 벤치타임에 들어간다.

성형·2차 발효

07
벤치타임이 끝난 반죽을 밀대로 길게 밀어 편다.

08
가로로 길게 놓고 위에서 아래로 단단하게 말아준다.

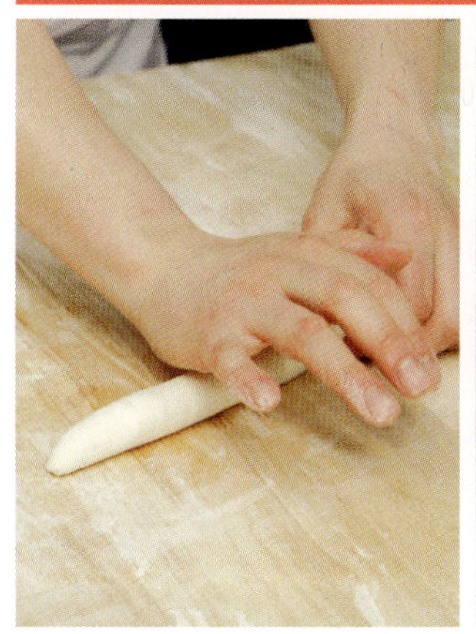

09
끝 부분은 손바닥 끝을 이용해 꾹꾹 눌러준다.

10
반죽의 한쪽 끝은 벌려준다.

11
벌어진 끝을 제외하고 손가락으로 꼭꼭 눌러 마무리한다.

12
전체적으로 굴려 굵기를 같게 한다.

13
한쪽 끝은 벌어진 쪽에 넣어 베이글 모양을 만든 후 20분간 2차 발효에 들어간다.

데치기·굽기

14
2차 발효가 끝난 베이글을 90℃ 설탕물에 넣고 한쪽에 12~15초씩 데친다.

15
물의 온도가 높을 경우에는 조금 더 짧게 데쳐준다. 데친 후, 철판에 팬닝해 상 220℃, 하 180℃ 오븐에 18분간 굽는다.

마무리

16
구워져 나온 베이글에 달걀물을 바르면 윤기가 나는 베이글이 만들어진다.

Blueberry cream cheese bagel

블루베리 크림치즈 베이글

건조 블루베리가 들어간 반죽에 블루베리 크림치즈를 넣어 다른 것을 첨가하지 않아도 충분히 맛있게 먹을 수 있는 블루베리 베이글이다.

재료

* 반죽(19.5개 분량)	(g)
강력1등급	1,000
소금	18
생이스트	20
설탕	70
물	500
유산균사워종	70
무염버터	50

* 충전물	(g)
건조 블루베리	120
건조 크랜베리	120
총중량	**1,968**

* 블루베리 크림치즈 필링	(g)
크림치즈	200
블루베리 리플잼	60
설탕	50

* 베이글 데치는 물	(g)
물	3,000
설탕	150

* 그 외	
달걀물	적당량

중요 공정

믹싱 1단 1분 → 3단 2분 → 2단 5분 → 충전물 혼합, 반죽온도 29℃

1차 발효 34℃ 80% 30분

분할 100g

벤치타임 20분

성형 반죽을 길게 밀어 크림치즈 필링 17g을 짠 다음 말아 양 끝을 이어준다.

2차 발효 34℃ 80% 30분

데치기 90℃ 물에 앞뒤로 12~15초씩 데친다.

굽기 상 220℃ 하 180℃ 18분

마무리 구워져 나오면 달걀물을 바른다.

블루베리 크림치즈 필링 부록 참조

Baking Tip

- 베이글은 2차 발효가 끝나고 데치는 과정이 제일 중요하다. 물이 90℃가 넘어서 끓어버리면 베이글 표면이 매끄럽지 않고 오븐에서의 볼륨도 좋지 않다.
- 성형할 때는 이음새를 단단히 해주어야 물에 들어가서 풀리는 것을 방지할 수 있다.

믹싱

01
모든 재료를 넣고 발전 단계까지 믹싱한다.

02
반죽이 완성되면 충전물을 넣고 스크래퍼로 잘라 올리며 골고루 잘 섞어준다.

1차 발효

03
충전물이 다 섞이면 30분간 1차 발효에 들어간다.

04
1차 발효 후의 상태.

분할·벤치타임

05
1차 발효가 끝나면 100g으로 분할한다.

06
분할한 반죽은 약간 길게 둥글리기를 한 후, 20분간 벤치타임을 갖는다.

성형

07
벤치타임이 끝난 반죽을 밀대로 밀어 편다.

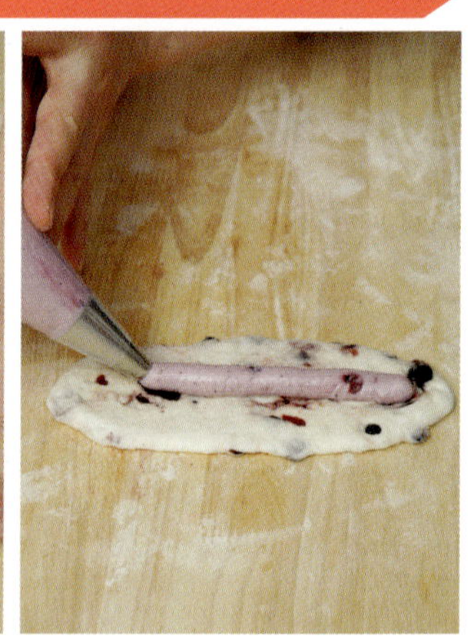

08
반죽을 가로로 길게 놓고 가운데 블루베리 크림치즈 필링을 짠다.

09
블루베리 크림치즈 필링이 가운데 오도록 반죽으로 감싼다.

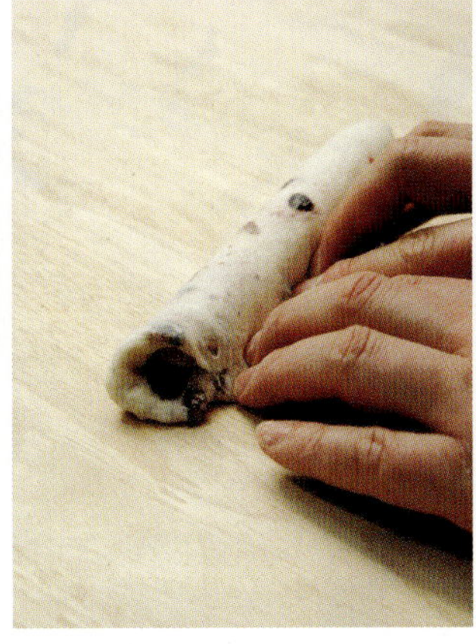

10
끝 부분을 손가락으로 꼭꼭 눌러 필링이 밖으로 흘러나오지 않게 잘 마무리한다.

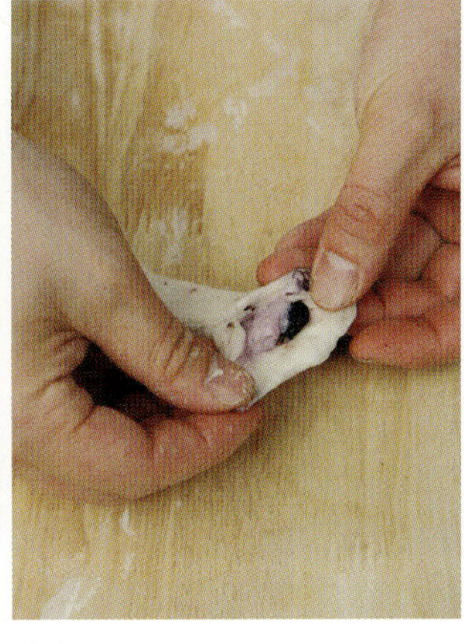

11
반죽의 한쪽 끝 부분을 벌려 놓는다.

12
다른 한쪽은 뾰족하게 만들어 양끝을 이어준다.

2차 발효

13
베이글 모양으로 만든 다음, 30분간 2차 발효에 들어간다.

데치기·굽기

14
90℃로 끓는 설탕물에 2차 발효된 베이글을 넣는다.

15
양면을 12~15초씩 데친 후, 철판에 팬닝해 상 220℃, 하 180℃ 오븐에 18분간 굽는다.

마무리

16
베이글이 구워져 나오면 달걀물을 바른다.

Gorda cream cheese bagel

고다 크림치즈 베이글

고다치즈와 크림치즈를 넣어 두 가지 치즈 맛을 함께 느낄 수 있다. 고다치즈는 약간은 진한 맛이 특징이기 때문에 치즈를 좋아하는 사람이라면 더욱 추천할 만한 베이글이다.

재료

* 반죽(18개 분량)	(g)
강력1등급	1,000
소금	18
생이스트	20
설탕	80
무염버터	50
물	500
유산균사워종	70

* 충전물	(g)
고다 다이스치즈	100
총중량	**1,838**

* 필링(1개당)	(g)
크림치즈	20

* 베이글 데치는 물	(g)
물	3,000
설탕	150

* 그 외	
달걀물	적당량

중요 공정

믹싱 1단 1분 → 3단 2분 → 2단 5분 → 충전물 혼합, 반죽온도 29℃

1차 발효 34℃ 80% 30분

분할 100g

벤치타임 20분

성형 반죽을 길게 밀어 크림치즈 필링 20g을 짠 다음 말아 양 끝을 이어준다.

2차 발효 34℃ 80% 30분

데치기 90℃ 물에 앞뒤로 12~15초씩 데친다.

굽기 상 220℃ 하 180℃ 18분

마무리 구워져 나오면 달걀물을 바른다.

Baking Tip

- 반죽에 고다 다이스치즈를 섞을 때는 치즈가 부서지지 않도록 손으로 섞어준다.
- 구워져 나온 뒤 표면에 달걀물을 바르면 더 윤기 있는 베이글을 만들 수 있다.

믹싱·1차 발효

01
모든 재료를 믹서볼에 넣고 발전 단계까지 믹싱한다.

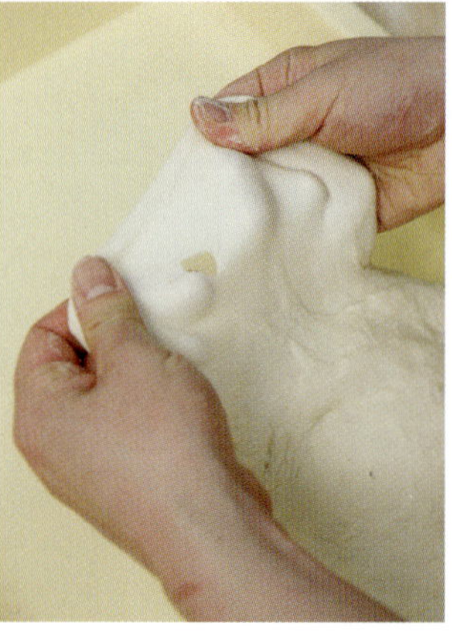

02
발전 단계가 끝난 반죽의 상태.

03
반죽이 완성되면 고다 다이스 치즈를 넣고 스크래퍼로 잘라 올리며 섞어준다.

04
충전물이 다 섞이면 둥글게 말아 30분간 1차 발효에 들어간다.

분할

05
1차 발효가 끝나면 100g으로 분할한다.

06
분할한 반죽은 약간 길게 둥글리기를 한 후, 20분간 벤치 타임을 갖는다.

성형·2차 발효

07
벤치타임이 끝난 반죽을 밀대로 길게 밀어 편다.

08
반죽을 가로로 길게 놓고 가운데 크림치즈를 짜준다.

09
크림치즈가 가운데 오도록 반죽으로 감싼다.

10
크림치즈가 새어나오지 않도록 끝 부분을 잘 마무리한다.

11
반죽의 한쪽 끝은 벌려놓는다.

12
다른 한쪽은 뾰족하게 하여 양 끝을 이어준다.

2차 발효

13
양끝을 연결한 후, 30분간 2차 발효에 들어간다.

데치기·굽기

14
2차 발효된 베이글을 90℃의 설탕물에 넣고 데친다.

15
양면을 12~15초씩 데친 후, 철판에 팬닝해 상 220℃, 하 180℃ 오븐에 18분간 굽는다.

마무리

16
베이글이 구워져 나오면 달걀물을 바른다.

Poolish bread

풀리쉬 식빵

빵의 풍미를 향상시킨 담백하고 쫄깃한 식빵이다. 저배합의 식빵을 저온숙성시키면 발효 과정에서 아미노산과 같은 좋은 효소들이 많이 만들어진다.

재료

* 반죽(7개 분량)

풀리쉬 반죽(7개 분량)	(g)
우리밀백밀(강력분)	1,000
생이스트	6
물	1,000

본 반죽	(g)
풀리쉬 반죽	전량
강력1등급	1,000
소금	36
설탕	80
연유	36
생이스트	16
물	300
유산균사워종	200
버터	90
총중량	**3,764**

중요 공정

풀리쉬 반죽
믹싱 단단한 주걱으로 충분히 섞어준다.
반죽온도 23℃, 25℃ 75% 3시간 발효

본 반죽 믹싱 1단 2분 → 2단 2분 → 버터 투입 → 2단 5분, 반죽온도 25℃

1차 발효 28℃ 75% 90분 → 펀치
5℃ 냉장발효 → 15시간

분할 268g×2

벤치타임 30분

성형 밀대로 밀어서 말아준 후 17×13×12㎝ 식빵 틀에 2개씩 팬닝한다.

2차 발효 30℃ 80% 60분

굽기 상 200℃ 하 220℃ 30분

Baking Tip

- 1차 냉장발효가 끝나면 반죽 온도가 낮기 때문에 18℃ 정도까지 온도가 올라갔을 때 분할한다.
- 다른 방법으로는 냉장고에서 꺼낸 반죽을 바로 분할해서 벤치타임을 60분 정도 줄 수도 있다.

풀리쉬 반죽

01

30℃ 물에 생이스트를 풀고 강력분을 섞은 후 발효시켜 풀리쉬 반죽을 만든다.

〈풀리쉬 바게트 참조〉

본 반죽 믹싱

02

버터를 제외한 모든 재료와 풀리쉬 반죽을 믹서볼에 넣고 믹싱한다.

03

크린업 단계에서 버터를 넣고 최종 단계까지 믹싱한다.

1차 발효

04

최종 단계가 끝난 반죽의 상태. 반죽이 완성되면 90분간 1차 발효에 들어간다.

05

1차 발효 후 90분이 되면 펀치를 준다.

06

펀치는 좌, 우, 상, 하로 4번 접는다.

07

펀치를 준 후, 5℃ 냉장고에서 15시간 냉장발효시킨다.

분할·벤치타임

08

1차 발효가 끝나면 268g으로 분할한다.

09
분할한 반죽은 둥글리기하여 벤치타임을 30분간 갖는다.

성형

10
벤치타임이 끝난 반죽을 밀대로 밀어 편다.

11
밀어 편 반죽을 위아래로 3등분하여 접는다.

12
3등분하여 접은 반죽을 살짝 눌러준다.

13
접은 반죽을 방향을 바꿔 위아래로 길게 놓고 말아준다.

14
같은 반죽을 2개 만들어 틀에 넣는다.

2차 발효

15
60분간 2차 발효에 들어간다. 2차 발효는 반죽이 틀 높이로 부풀어 오를 때까지 시킨다.

굽기

16
2차 발효가 끝나면 상 200℃, 하 220℃ 오븐에 30분간 굽는다.

Camembert & cream bread

까망베르 생크림 식빵

생크림이 들어간 식빵에 까망베르 다이스치즈를 사이사이 넣고 성형하여 그냥 먹어도 고소하고 맛있는 식빵이다. 까망베르치즈는 내열성이 높기 때문에 굽는 과정에서 녹지 않고 반죽 안에서 통통하게 살아 있다.

재료

* 반죽(7개 분량)	(g)
강력1등급	2,000
설탕	80
소금	40
생이스트	60
몰트엑기스	10
생크림	200
물	1,360

* 충전물	(g)
까망베르 다이스치즈	400
총중량	**4,150**

* 그 외	
달걀물	적당량

중요 공정

믹싱 1단 2분 → 2단 3분 → 3단 1분 → 2단 4분, 반죽온도 26℃

1차 발효 32℃ 80% 50분 → 까망베르 다이스치즈 넣고 펀치 → 30분

분할 295g×2

벤치타임 20분

성형 밀대로 밀어서 말아준 후 17×13×12㎝ 식빵 틀에 2개씩 팬닝한다.

2차 발효 32℃ 80% 60분

굽기 반죽 표면에 달걀물을 바르고 굽는다. 상 200℃ 하 220℃ 30분

Baking Tip

- 까망베르 다이스치즈를 처음 반죽에 넣게 되면 구울 때 표면이 타기 때문에 펀치 공정에서 넣어준다.
- 까망베르 다이스치즈는 내열성이 있어 굽는 과정에서 녹지 않는 성질을 가지고 있다.

믹싱

01
모든 재료를 믹서볼에 넣고 최종 단계까지 믹싱한다.

1차 발효

02
반죽이 완성되면 50분간 1차 발효에 들어간다.

03
1차 발효 50분이 지나면 펀치에 들어가는데, 먼저 반죽을 넓게 편 후, 그 위에 치즈를 올려 좌, 우로 접어준다.

04
그 위에 다시 치즈를 올리고 위에서 아래로 접어준다.

05
겹치는 부분에 치즈를 올리고 아래에서 위로 접는다.

06
펀치를 준 후, 다시 판에 올려 30분 발효시킨다.

07
1차 발효 후의 상태.

분할·벤치타임

08
1차 발효가 끝나면 295g으로 분할한다.

09
분할한 반죽을 둥글리기하여, 20분간 벤치타임을 갖는다.

성형

10
벤치타임이 끝난 반죽을 밀대로 밀어 편다.

11
위아래로 3등분하여 접어준다.

12
반죽의 방향을 바꿔 둥글게 말아준다.

13
같은 반죽 2개를 만들어 틀에 넣는다.

2차 발효

14
틀의 높이까지 60분간 2차 발효시킨다.

굽기

15
2차 발효가 끝나면 표면에 달걀물을 바르고 상 200℃, 하 220℃ 오븐에 30분간 굽는다.

Whole wheat bread

통밀 식빵

통밀 50%에 중종 반죽을 사용하여 풍미가 좋고 부드럽고 구수한 맛의 건강식빵이다. 토스트하면 통밀의 고소함을 더 많이 느끼면서 먹을 수 있다.

재료

*** 반죽(4개 분량)**

중종 반죽	(g)
생이스트	3
물	280
강력1등급	400
소금	7

본 반죽	(g)
중종 반죽	전량
강력1등급	300
통밀 중간 입자	700
생이스트	15
소금	20
몰트엑기스	6
쇼트닝	30
물	680
총중량	**2,441**

*** 그 외**

통밀 가루	적당량

중요 공정

중종 반죽 믹싱 1단 2분 → 2단 1분
반죽온도 23℃, 25℃ 75% 3시간

본 반죽 믹싱 1단 1분 → 2단 5분
반죽온도 27℃

1차 발효 28℃ 75% 30분

분할 610g

벤치타임 15분

성형 밀대로 밀어서 말아준 다음 표면에 물을 뿌리고 통밀 가루를 묻힌다.
22×10×9.5㎝ 식빵 틀에 팬닝한다.

2차 발효 30℃ 80% 60분

굽기 스팀 주입, 상 200℃ 하 230℃ 30분

Baking Tip

- 잡곡의 경우 믹스가 아닌 순수 잡곡의 양이 많아지면 1차 발효 시간을 짧게 주는 것이 좋다.
- 벤치타임도 짧게 주어 효모의 활성이 2차 발효와 오븐에서 이루어지도록 한다.

중종 반죽

01
생이스트를 물에 풀어서 준비한다.

02
나머지 중종 반죽 재료를 믹서볼에 넣고 1을 넣은 다음 저속으로 믹싱한다.

03
반죽이 완료되면 발효시킨다.

TIP
발효가 끝나면 섬유질이 충분히 나타나고 좋은 풍미가 난다.

본 반죽 믹싱

04
모든 본 반죽 재료를 믹서볼에 넣고 발전 단계까지 믹싱한다(믹싱시간이 짧기 때문에 처음부터 모든 재료를 넣고 믹싱한다).

05
발전 단계가 되어 매끄러워지려고 할 때 멈춘다. 믹싱을 오버하지 않는다.

1차 발효

06
반죽이 완성되면 판에 옮겨 30분간 1차 발효에 들어간다.

07
1차 발효 후의 상태. 1차 발효는 섬유질이 보일 정도로 짧게 한다(중종 반죽이 들어가기 때문에 발효시간이 짧지만 좋은 풍미를 얻을 수 있다).

분할·벤치타임

성형

08
1차 발효가 끝나면 610g으로 분할한다.

09
분할한 반죽을 둥글리기하여 15분간 벤치타임을 갖는다.

10
벤치타임이 끝난 반죽을 밀대로 길게 밀어 편다.

11
밀대로 밀어 편 반죽을 위에서부터 아래로 말아준다. 말았을 때 틀과 같은 길이가 되어야 한다.

12
끝 부분은 손바닥 끝으로 꾹꾹 눌러 마무리한다.

13
반죽 윗면에 스프레이를 사용해 물을 뿌린다.

2차 발효

14
물이 묻은 부분에 통밀 가루를 묻힌 후, 틀에 넣어 60분간 2차 발효에 들어간다.

굽기

15
틀의 높이까지 발효가 되면 상 200℃, 하 230℃ 오븐에 스팀 주입 후 30분간 굽는다.

Barley bread

찰보리 식빵

찰보리와 찰보리 르방을 넣어 소화가 잘 되며 쫀득한 식감이 있어 더 맛있게 먹을 수 있다. 찰보리는 알칼리성 식품으로 전분이 많고 열량이 낮아 다이어트에도 도움이 된다.

재료

* 반죽(3.5개 분량)	(g)
강력분	900
찰보리 강력분	100
소금	20
설탕	100
찰보리 르방	100
생이스트	15
달걀	2개
유산균사워종	100
물	550
버터	100
총중량	**2,085**

* 그 외	
달걀물	적당량

중요 공정

믹싱 1단 1분 → 2단 2분 → 버터 투입 → 2단 5분, 반죽온도 26℃

1차 발효 30℃ 80% 70분

분할 295g×2

벤치타임 15분

성형 밀대로 밀어서 말아준 후 17×13×12㎝ 식빵 틀에 2개씩 팬닝한다.

2차 발효 30℃ 80% 60분

굽기 컨벡션오븐 165℃ 27분

마무리 구워져 나오면 달걀물을 바른다.

Baking Tip

- 찰보리 강력분은 우리나라에서 나오는 밀이며 수분 흡수율이 상당히 높기 때문에 물의 양을 꼭 늘려주어야 한다.
- 찰보리의 양을 늘리게 되면 반죽이 너무 찰지게 되므로 주의하여 적당량을 사용하는 것이 좋다.
- 찰보리는 지역마다 그 성분이 다를 수 있으므로 참고하여 사용한다(본 레시피에서는 전라도 영광 지역의 찰보리를 사용하였다).

믹싱

01
버터를 제외한 모든 재료를 믹서볼에 넣는다.

02
크린업 단계까지 믹싱한다.

03
2가 끝나면 버터를 넣고 발전 단계가 될 때까지 믹싱한다.

1차 발효

분할·벤치타임

04
반죽이 완성되면 70분간 1차 발효에 들어간다.

05
1차 발효 후의 상태.

06
1차 발효가 끝나면 295g으로 분할한다.

07
분할한 반죽을 타원형으로 둥글리기한 후, 15분간 벤치타임에 들어간다.

08
벤치타임이 끝나면 밀대로 밀어편다.

성형

09
틀의 크기에 맞게 길게 말아준다.

10
같은 반죽을 2개 만들어 틀에 넣는다.

2차 발효

11
틀의 높이까지 60분간 2차 발효시킨다.

굽기

12
2차 발효가 끝나면 달걀물을 바르고 160℃ 컨벡션오븐에 27분간 굽는다.

Golden raisin bread

골든레이즌 식빵

건조 사과와 골든레이즌을 넣어 비타민이 풍부하고 부드럽기 때문에 건포도를 싫어하는 사람도 부담 없이 먹을 수 있는 달콤한 식빵이다. 특히 반죽이 부드러워 한 겹씩 떼어먹는 즐거움이 있다.

재료

* 반죽(5개 분량)	(g)
강력1등급	1,000
설탕	180
소금	17
분유	80
생이스트	40
물	600
달걀	60
무염버터	100

* 충전물	(g)
건조 애플레드스킨 〈부록 참조〉	100
물	100
골든레이즌	180
총중량	**2,457**

* 그 외	
달걀물	적당량
버터	적당량
토핑 슈거	적당량

중요 공정

믹싱 1단 1분 → 2단 2분 → 버터 투입 → 2단 2분 → 3단 1분 → 2단 3분 → 충전물 혼합, 반죽온도 27℃

1차 발효 32℃ 80% 60분

분할 122g×4

벤치타임 20분

성형 밀대로 밀어 편 후, 말아주고 22×10×9.5㎝ 식빵 틀에 4개씩 팬닝한다.

2차 발효 32℃ 80% 50분

굽기 달걀물을 바르고 가위로 가운데를 잘라 버터를 짜고 토핑 슈거를 뿌려서 굽는다. 컨벡션오븐 160℃ 23분

Baking Tip

- 건조 애플레드스킨을 빵에 사용할 때는 같은 분량의 물을 넣어 3시간 이상 불린 다음 사용해야 빵의 건조함을 막을 수 있다.

믹싱

01
건조 애플레드스킨은 물을 부어 3시간 전에 미리 불려둔다.

02
버터를 제외한 모든 재료를 믹서볼에 넣고 믹싱한다.

03
크린업 단계가 되면 버터를 넣고 최종 단계까지 믹싱한다.

04
반죽이 완성되면 충전물을 넣고 스크래퍼를 이용해 잘라 올리며 골고루 섞어준다.

TIP
충전물이 골고루 잘 섞이지 않으면 식빵의 모양이 일정하지 않아 좋지 않다.

1차 발효·분할·벤치타임

05
충전물이 다 섞이면 60분간 1차 발효에 들어간다. 1차 발효가 끝나면 122g으로 분할을 하고 20분간 벤치타임을 갖는다.

성형

06
벤치타임이 끝난 반죽을 밀대로 밀어 편다.

07
윗쪽 반죽을 2/3 지점까지 접는다.

2차 발효

08
아랫쪽 반죽을 올려 접는다.

09
반죽의 방향을 바꿔 아래에서 위로 말아준다.

10
이음새 부분이 아래로 가도록 둔다.

11
같은 반죽을 4개 만들어 틀에 넣어 50분간 2차 발효시킨다.

굽기

12
2차 발효가 끝나면, 달걀물을 바른다.

13
가위로 가운데 부분을 자른다.

14
잘린 부분에 버터를 짜 넣는다.

15
버터 위에 토핑 슈거를 뿌린 후, 160℃ 컨벡션오븐에 23분간 굽는다.

Blueberry bread

블루베리 식빵

냉동 블루베리를 원액기로 짜 넣고 여기에 묵은 반죽을 더해 깊은 풍미를 느낄 수 있는 식빵이다. 충전물에 사용하는 건조 블루베리는 리큐르에 전처리했다.

재료

* 반죽(4.5개 분량)	(g)
냉동 블루베리	150
강력1등급	1,000
소금	18
스위트펄슈거	60
생이스트	30
묵은 반죽	200
물	525
달걀	2개

* 충전물	(g)
건조 블루베리	112
총중량	**2,195**

* 그 외	
달걀물	적당량

중요 공정

믹싱 1단 1분 → 2단 10분, 반죽온도 27℃

1차 발효 32℃ 75% 45분

분할 120g×4

벤치타임 15분

성형 밀대로 밀어편 후 블루베리 28g을 골고루 넣고 말아준다. 22×10×9.5㎝ 식빵 틀에 4개씩 팬닝한다.

2차 발효 32℃ 80% 50분

굽기 달걀물을 바르고 굽는다.
컨벡션오븐 170℃ 25분
(데크오븐 상 180℃ 하 210℃ 30분)

Baking Tip

- 블루베리는 생블루베리나 냉동 블루베리 모두 사용 가능하다.
- 충전물로 사용하는 건조 블루베리는 블루베리 리큐르에 하루 이상 전처리한 후 사용한다.
- 스위트펄슈거를 구하기 어려울 때에는 전량 설탕으로 대체할 수 있다.

믹싱

01
냉동 블루베리를 원액기에 짜서 준비한다.

02
냉동 블루베리를 제외한 나머지 모든 재료를 믹서볼에 넣는다.

03
2에 1을 넣고 최종 단계까지 믹싱한다.

1차 발효

04
45분간 1차 발효시킨다.

05
1차 발효 후의 상태.

분할

06
1차 발효가 끝나면 120g으로 분할한다.

성형

07
분할한 반죽을 둥글리기하여 15분간 벤치타임을 갖는다.

08
벤치타임이 끝난 반죽을 밀대로 밀어 편다.

09
반죽을 가로로 길게 놓고, 좌, 우를 3등분하여 접은 후, 그 위에 건조 블루베리를 올린다.

10
아래에서 위로 말아준다.

2차 발효

111
같은 반죽을 4개 만들어 틀에 넣은 후 50분간 2차 발효에 들어간다.

굽기

12
2차 발효가 끝나면 달걀물을 바르고 170℃ 컨벡션오븐에 25분간 굽는다.

Tomato & cranberry bread

토마토 크랜베리 식빵

방울토마토와 냉동 크랜베리의 즙을 내 반죽에 넣은 건강한 식빵이다. 크랜베리는 신장에 도움을 주고, 토마토는 항암효과가 있다고 알려져 있다.

재료

* 반죽(4.5개 분량)	(g)
방울토마토	200
크랜베리IQF(냉동 크랜베리)	80
강력1등급	1,000
설탕	80
소금	20
생이스트	30
묵은 반죽	200
유산균사워종	100
물	540
쇼트닝	50
총중량	**2,300**

* 그 외	
달걀물	적당량
버터	적당량

중요 공정

믹싱 1단 1분 → 2단 9분 → 충전물 혼합
반죽온도 26℃

1차 발효 32℃ 80% 40분

분할 127g×4

벤치타임 15분

성형 밀대로 밀어서 말아준다.
22×10×9.5㎝ 식빵 틀에 4개씩 팬닝한다.

2차 발효 32℃ 80% 50분

굽기 달걀물을 바르고 가위로 가운데를 잘라 버터를 짠 후 굽는다.
컨벡션오븐 160℃ 23분
(데크오븐 상 170℃ 하 200℃ 25분)

Baking Tip

- 토마토와 크랜베리를 원액기에 넣어 즙을 내 사용한다.
- 컨벡션오븐에 구울 때는 틀 높이가 될 때까지 발효시키고 데크오븐은 틀의 80%까지만 발효시킨다.
- 크랜베리IQF는 설탕이 들어있지 않은 냉동 크랜베리다.

믹싱

01
방울토마토와 냉동 크랜베리를 원액기에 짜서 준비한다.

02
쇼트닝을 제외한 모든 재료를 믹서볼에 넣고 믹싱한다.

03
크린업 단계가 되면 쇼트닝을 넣고 최종 단계까지 믹싱한다.

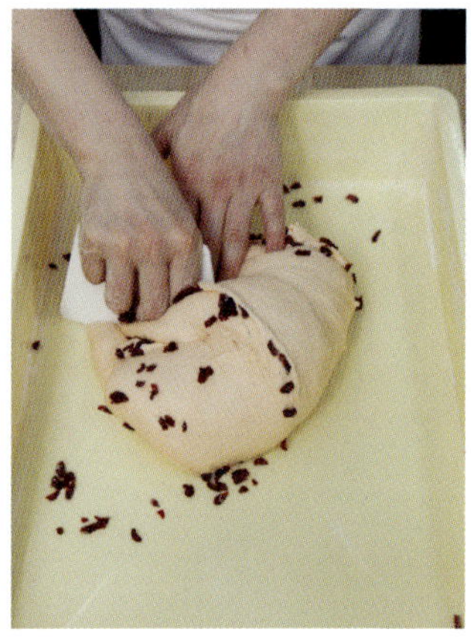

04
반죽이 완성되면 충전물을 넣고 스크래퍼를 이용해 잘 섞어준다.

1차 발효

05
반죽이 다 섞이면 40분간 1차 발효에 들어간다.

06
1차 발효 후의 상태.

분할·벤치타임

07
1차 발효가 끝나면, 127g으로 분할한 후, 15분간 벤치타임을 갖는다.

성형

08
벤치타임이 끝난 반죽을 밀대로 밀어 편다.

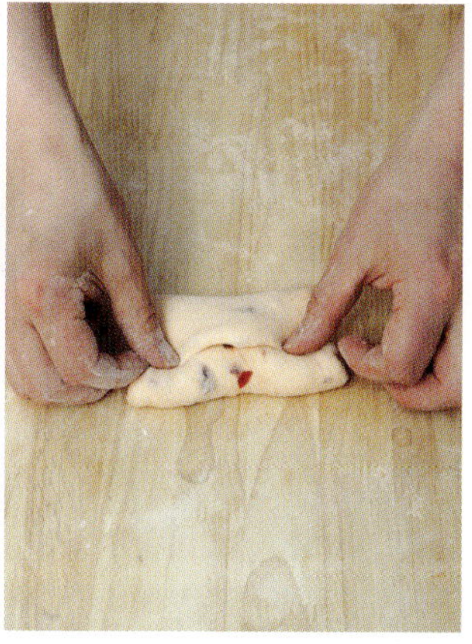

09
반죽을 위아래로 3등분하여 접는다.

10
방향을 돌려 말아준다.

11
끝 부분이 아래로 가도록 한다.

2차 발효

12
같은 반죽을 4개 만들어 틀에 넣은 후, 50분간 2차 발효에 들어간다.

13
2차 발효 후의 상태. 2차 발효는 틀의 높이까지 한다.

굽기

14
달걀물을 바른 후 가위로 반을 자른 다음 가운데 버터를 짜고 160℃ 컨벡션오븐에 23분간 굽는다.

Soy milk & potatoes bread

두유 감자 식빵

여성 건강에 좋은 백태를 넣은 식빵이다. 백태를 갈아 넣으면 일반 두유를 넣은 것보다 무겁고 거칠지만 건강에 더 좋은 빵을 만들 수 있다.

재료

* 반죽(4개 분량)	(g)
백태	150
강력1등급	1,000
설탕	50
소금	20
물	650
묵은 반죽	200
인스턴트드라이이스트(레드)	14
감자	100

* 충전물	(g)
골든레이즌	250
총중량	**2,434**

* 그 외	
달걀물	적당량
버터	적당량

중요 공정

믹싱 1단 1분 → 2단 9분, 반죽온도 28℃

1차 발효 32℃ 80% 40분

분할 605g

벤치타임 15분

성형 밀대로 밀어서 말아준 후 22×10×9.5㎝ 식빵 틀에 팬닝한다.

2차 발효 32℃ 80% 50분

굽기 달걀물을 바르고 가운데 칼집을 넣은 후 버터를 짜서 굽는다.
컨벡션오븐 160℃ 23분
(데크오븐 상 170℃ 하 200℃ 25분)

Baking Tip

- 구운 감자를 사용할 경우 물의 양을 늘려준다.
- 감자가 들어가기 때문에 반죽이 찰지고 오래 믹싱할 경우 반죽이 퍼지는 경우가 있으니 주의한다.
- 콩과 감자가 들어가기 때문에 버터는 사용하지 않지만 더 부드러운 식감을 원할 때는 버터를 소량 넣어준다.
- 백태는 알칼리성의 성질을 가지고 있어 이스트의 활성을 억제하기 때문에 분할 중량을 늘려주는 것이 좋다.

믹싱

01
불려서 삶은 백태를 원액기에 짜서 준비한다.

02
모든 재료를 믹서볼에 넣고 1을 넣는다.

03
감자는 삶아 으깬 후 넣고 최종 단계까지 믹싱한다.

1차 발효

04
반죽이 완성되면 40분간 1차 발효에 들어간다.

05
1차 발효 후의 상태.

분할·벤치타임

06
1차 발효가 끝나면 605g으로 분할하고 둥글리기를 한 후, 15분간 벤치타임을 갖는다.

성형

07
벤치타임이 끝난 반죽을 밀대로 밀어 편다.

08
밀어 편 반죽 위에 골든레이즌을 올려준다.

09
위에서 아래로 말아준다.

10
끝 부분은 손바닥 끝으로 꾹꾹 눌러 마무리한다.

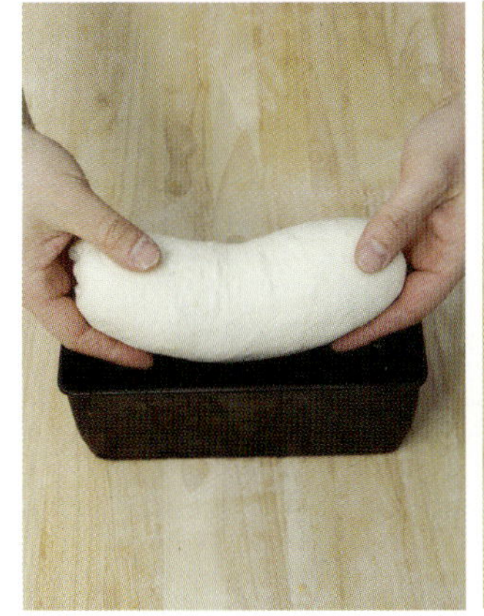

11
준비한 틀에 넣는다.

2차 발효

12
틀에 넣어 50분간 2차 발효에 들어간다.

13
2차 발효 후의 상태. 2차 발효는 틀의 높이까지 한다.

굽기

14
2차 발효가 끝나면 달걀물을 바른 후, 가운데 칼집을 낸다. 칼집을 넣은 부분에 버터를 짠 후, 160℃ 컨벡션오븐에 23분간 굽는다.

Butter bread

버터 식빵

일반적으로 대중적인 식빵이지만 계량제를 사용하지 않고 1차 발효를 길게 함으로써 빵의 풍미를 살리고 소화에도 도움이 되도록 만든 버터 식빵이다.

재료

* 반죽(7개 분량)	(g)
강력1등급	2,000
설탕	240
소금	40
분유	40
생이스트	60
달걀	200
우유	400
물	440
유산균사워종	400
무염버터	360
총중량	**4,180**

* 그 외	
버터	적당량
달걀물	적당량

중요 공정

믹싱 1단 1분 → 2단 2분 → 버터 투입 → 2단 2분 → 3단 1분 → 2단 2분
반죽온도 28℃

1차 발효 32℃ 80% 60분

분할 595g

벤치타임 20분

성형 밀대로 밀어서 말아준 후 17×13×12㎝ 식빵 틀에 팬닝한다.

2차 발효 32℃ 80% 50분

굽기 쿠프·버터 짜주기
컨벡션오븐 160℃ 25분

마무리 구워져 나오면 달걀물을 바른다.

Baking Tip

- 버터 식빵의 오븐스프링을 좋게 하기 위해서는 1차 발효를 충분히 잘 시켜주는 것이 중요하다.
- 믹싱이 오버되거나 과다하게 글루텐이 생성될 경우 식빵의 옆면이 찌그러질 수 있으므로 주의하여 믹싱한다.

믹싱

01
버터를 제외한 모든 재료를 넣고 믹싱한다.

02
크린업 단계가 되면 버터를 넣고 최종 단계까지 믹싱한다.

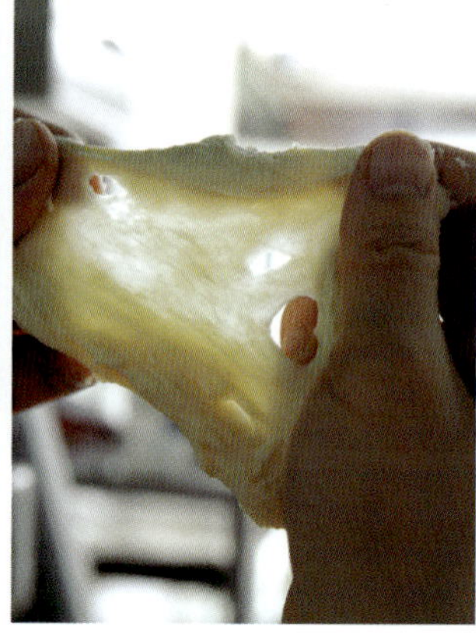

03
글루텐이 충분히 형성되어 얇은 막이 생긴다.

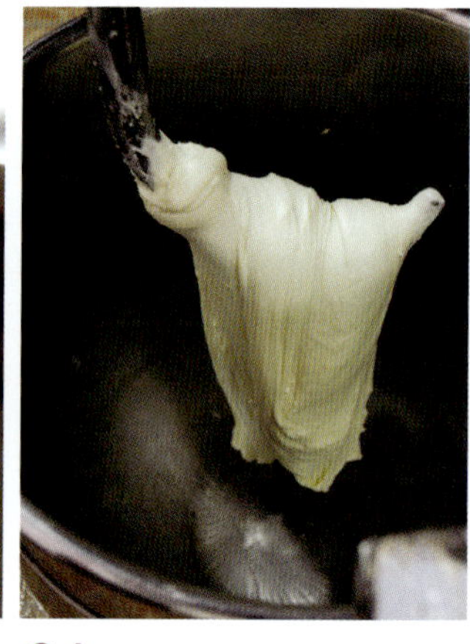

04
반죽이 완성된 상태.

1차 발효·분할·벤치타임

05
반죽이 완성되면 둥글게 말아 60분간 1차 발효를 한다. 1차 발효가 끝나면 595g으로 분할하고 20분간 벤치타임을 갖는다.

성형

06
벤치타임이 끝난 반죽을 밀대로 밀어 편다.

07
위쪽 반죽을 2/3 지점까지 접는다.

08
아래쪽 반죽을 그 위에 접어 올린다. 반죽을 접을 때는 틀의 넓이에 맞게 접는다.

09
방향을 바꿔 아래에서 위로 말아준다.

10
끝 부분을 아래로 하여 틀에 넣는다. 틀에 넣어 50분간 2차 발효에 들어간다.

2차 발효

11
2차 발효 후의 상태.

굽기

12
2차 발효가 끝나면 가운데 칼집을 한 번 넣는다.

13
칼집을 넣은 부분에 버터를 짜 넣는다. 버터를 짜 넣으면 구웠을 때 터짐이 좋아진다. 160℃ 컨벡션오븐에 25분간 굽는다.

마무리

14
식빵이 구워져 나오면 달걀물을 바른다.

PART 08
데니시 페이스트리

Croissant

크루아상

중종 반죽을 사용한 것이 특징으로 더욱 풍미와 바삭함을 느낄 수 있는 크루아상이다.

재료

*** 반죽**

중종 반죽	(g)
생이스트	35
우유	250
강력분	300

본 반죽	(g)
중종 반죽	전량
강력분	400
박력분	300
분유	20
소금	20
설탕	100
달걀	50
차가운 물	320
무염버터	100

*** 충전물**	(g)
발효버터	600
총중량	**2,495**

*** 그 외**

달걀물	적당량
시럽	적당량

중요 공정

중종 반죽
믹싱 1단 1분 → 2단 2분
반죽온도 26℃, 28℃ 75% 30분

본 반죽
믹싱 1단 2분 → 2단 1분 → 버터 투입 → 2단 5분, 반죽온도 13℃, -18℃ 냉동고에서 15시간 → 5℃ 냉장고에서 5시간

밀어 펴기 3절 1회 → 냉동휴지 20분 → 4절 1회 → 냉동휴지 20분 후 두께 3㎜로 밀어 편다.

분할 가로 12㎝ 세로 24㎝

성형 크루아상 모양으로 말아준다.

발효 28℃ 75% 40분

굽기 달걀물을 바르고 굽는다.
컨벡션오븐 180℃ 18분

마무리 구워져 나오면 시럽을 바른다.

Baking Tip

- 이 반죽에서 가장 중요한 것은 본 반죽에서 반죽을 발효시키지 않고 효모의 활동을 억제시켜 2차 발효와 오븐에서의 팽창을 최대한 좋게 하는 것이다. 그러므로 반죽온도를 13℃ 이하로 만들어서 냉동고에 숙성시킨 후 사용한다.

중종 반죽

01
생이스트에 우유를 넣고 덩어리가 없도록 잘 풀어준다.

02
강력분을 믹서볼에 넣고 1을 넣어 충분히 섞일 정도로 믹싱한다.

03
볼에 옮긴 후 랩을 씌워 30분간 발효시킨다(여름철에는 실온발효, 겨울철에는 발효실에서 발효시킨다).

04
발효가 완성되면 효모의 활성이 활발해짐을 알 수 있다.

본 반죽 믹싱

05
버터를 제외한 모든 재료에 중종 반죽을 넣고 믹싱한다.

TIP
여름철에는 밀가루를 냉동실에 보관한 후 믹싱한다. 물은 3℃ 정도의 차가운 물을 사용하는 것이 좋다.

밀어 펴기

06
크린업 단계가 되면 버터를 넣고 발전 단계까지 믹싱한다.

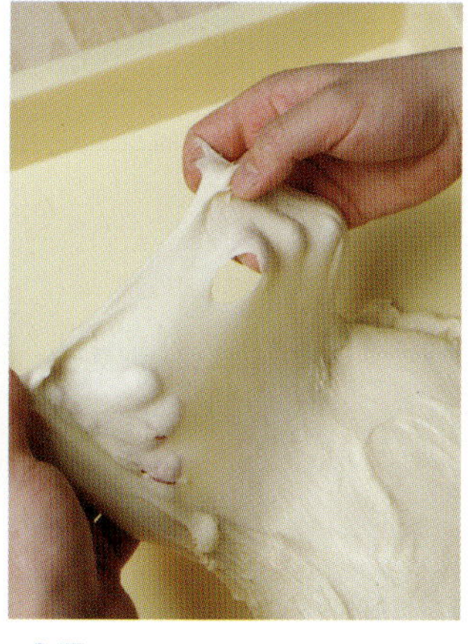

07
발전 단계가 끝난 반죽의 상태. 반죽이 완료되면 냉동고에 넣어 숙성시킨다.

08
냉장고에서 해동시켜 사각형으로 밀어 편다(냉동고에서 숙성시킨 반죽은 밀어 펴기 전에 반드시 냉장고에서 해동시킨다).

09
발효버터를 가운데 놓는다.

10
사방의 반죽을 이용해 버터를 감싸준다.

11
반죽의 이음새 부분을 꼼꼼하게 접어준다.

12
밀어 펴기를 한 후 3절 접기를 1회하고, 냉동휴지시킨다.

13
냉동휴지 20분이 지나면 다시 넓게 밀어 편다.

14
4절 접기를 1회 더 한다. 다시 냉동휴지에 들어간다.

성형

15
냉동휴지 20분이 지나면 두께 3㎜가 되도록 밀어 편다.

분할

16
3㎜로 밀어 편 반죽을 가로 12㎝, 세로 24㎝로 재단한 후 삼각형 모양으로 분할한다.

17
삼각형으로 분할한 반죽을 아랫면에서 꼭지점 쪽으로 말기 시작한다.

18
힘을 주지 않은 상태에서 크루아상 모양으로 말아준다.

19
마무리는 꼭지점 부분을 엄지 손가락으로 살짝 누른 후, 말아 올린 반죽을 조금 당겨 반죽을 살짝 늘인다.

20
그대로 꼭지점 끝까지 말아준다.

발효·굽기

21
달걀물을 바른 후 40분간 발효에 들어간다.

22
발효 후에 다시 달걀물을 바른 후, 표면이 마르면 180℃ 컨벡션오븐에 18분간 굽는다.

마무리

23
구워져 나오면 바로 시럽을 바른다.

Strawberry yogurt danish

딸기 요거트 데니시

크루아상 반죽을 사용하여 더욱 바삭하며 디저트와 같은 느낌으로 먹을 수 있는 상큼한 데니시이다. 커스터드 크림과 생크림, 딸기의 조화가 먹는 사람을 행복하게 만들어준다.

재료

＊반죽

크루아상과 동일

＊커스터드 크림

부록 참조

＊요거트 생크림	(g)
생크림	150
에버휩(가당 생크림)	150
데어리젠 요쿠르트 플레인 〈부록 참조〉	90
요쿠르트 페이스트 〈부록 참조〉	45
모나크 트리플색	9

＊그 외	
달걀물	적당량
딸기(1개당)	2개
라프티스노우(데커레이션 슈거)	적당량

중요 공정

반죽 성형까지는 크루아상 공정과 동일

분할 가로 4.5㎝ 세로 16㎝ 두께 3㎜

발효 28℃ 75% 30분

굽기 달걀물을 바르고 굽는다.
상 210℃ 하 170℃ 20분

마무리 커스터드 크림, 딸기, 요거트 생크림을 샌드하고 윗 부분에 라프티스노우를 뿌린다.

커스터드 크림 부록 참조

요거트 생크림 부록 참조

Baking Tip

- 구울 때는 좀 더 바삭한 식감이 나도록 굽는 것이 좋다.
- 계절에 따라 과일을 바꿔주는 것도 좋은 방법이다.

중종 반죽

본 반죽 믹싱

밀어 펴기

01
중종 반죽을 만들어 30분간 발효시킨다. 〈크루아상 참조〉

02
크린업 단계가 되면 버터를 넣고 발전 단계까지 믹싱한다.

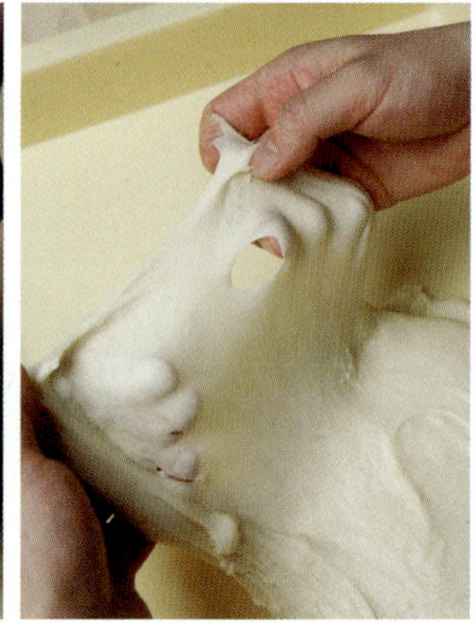

03
발전 단계가 끝난 반죽의 상태. 반죽이 완료되면 냉동고에 넣어 숙성시킨다.

04
냉동고에서 꺼낸 반죽을 냉장고에서 해동시켜 정사각형으로 밀어 편 후, 가운데 발효버터를 넣고 감싸준다.

05
반죽의 이음새를 꼼꼼하게 접어준다.

06
버터를 감싼 반죽을 밀어 펴기 한 후, 3절 접기를 1회 하여 냉동휴지시킨다.

07
냉동휴지 20분이 지나면, 다시 밀어 펴기를 한 후, 4절 접기를 1회 하여 다시 냉동휴지시킨다.

08
냉동휴지 20분이 지나면 두께 3㎜가 되도록 밀어 편다.

분할·발효

굽기

마무리

09

3㎜로 밀어 편 반죽을 가로 4.5㎝, 세로 16㎝로 재단한 후, 달걀물을 발라 30분간 발효시킨다. 발효실 온도는 28℃를 넘지 않도록 주의한다.

10

2차 발효된 상태. 2차 발효가 되면 다시 달걀물을 바른 후, 상 210℃, 하 170℃ 오븐에 20분간 굽는다.

11

오븐에서 구워져 나오면 바삭한 식감의 데니시가 만들어진다. 데니시가 식으면 반으로 가른다.

12

커스터드 크림을 지그재그로 짜준다.

13

딸기를 반으로 잘라서 올려준다.

14

딸기 위에 요거트 생크림을 짜준다.

15

데니시 윗부분을 생크림 위에 올린다.

16

라프티스노우를 뿌려서 장식한다.

Apple danish

사과 데니시

신선한 사과, 레몬과 바닐라빈, 여러 종류의 리큐르를 사용하여 맛의 깊이를 더해준 데니시이다. 특히 사과에서 느껴지는 칼바도스 향이 페이스트리와 잘 어울린다.

재료

*** 반죽**

크루아상과 동일

*** 아몬드 크림**	(g)
무염버터	450
설탕	350
달걀	8개
팡럼〈부록 참조〉	30
아몬드 분말	550
전분	33

*** 커스터드 크림**

부록 참조

*** 프랑지판 크림**	(g)
아몬드 크림	100
커스터드 크림	30
아마레토	5

*** 졸인 사과**	(g)
사과	300
설탕	60
레몬	1/6개
바닐라빈	1/6 개
칼바도스	7

*** 그 외**	
달걀물	적당량
나파주	적당량
라프티스노우(데커레이션 슈거)	적당량

중요 공정

반죽 성형까지는 크루아상 반죽과 동일

분할 가로 8㎝ 세로 16㎝ 두께 3㎜

발효 28℃ 70% 30분

토핑 프랑지판 크림 15g, 사과 6쪽

굽기 컨벡션오븐 180℃ 14분

마무리 나파주를 바른다.

아몬드 크림 부록 참조

커스터드 크림 부록 참조

프랑지판 크림
아몬드 크림과 커스터드 크림을 혼합한다.

졸인 사과 부록 참조

Baking Tip

- 충전물에 수분이 많으므로 오븐에서 충분히 구워 바삭한 식감을 준다.

중종 반죽

본 반죽 믹싱

01
중종 반죽을 만들어 30분간 발효시킨다. 〈크루아상 참조〉

02
크린업 단계가 되면 버터를 넣고 발전 단계까지 믹싱한다.

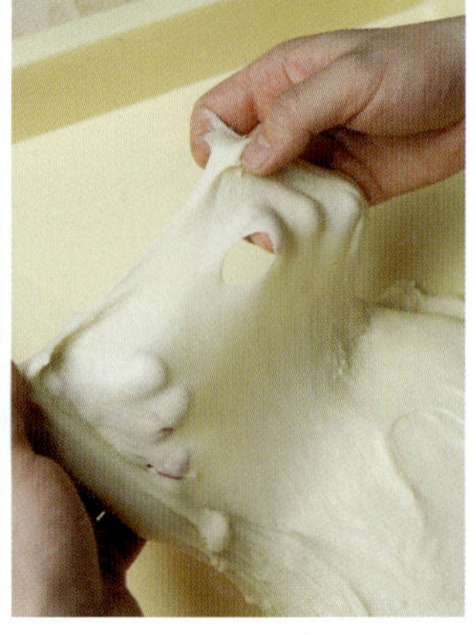

03
발전 단계가 끝난 반죽의 상태. 반죽이 완료되면 냉동고에 넣어 숙성시킨다.

밀어 펴기

04
냉동고에서 꺼낸 반죽을 냉장고에서 해동시켜 정사각형으로 밀어 편 후, 가운데 발효버터를 넣고 감싸준다.

05
반죽의 이음새를 꼼꼼하게 접어준다.

06
버터를 감싼 반죽을 밀어 펴기 한 후, 3절 접기를 1회 하여 냉동휴지시킨다.

성형

분할·발효

07
냉동휴지 20분이 지나면, 다시 밀어 펴기를 한 후, 4절 접기를 1회 하여 다시 냉동휴지 시킨다.

08
냉동휴지 20분이 지나면 두께 3㎜가 되도록 밀어 편다.

09
3㎜로 밀어 편 반죽을 가로 8㎝, 세로 16㎝로 재단한 후, 가장자리에 달걀물을 발라 30분간 발효시킨다.

굽기

10
발효가 끝나면 가운데 프랑지판 크림을 짜준다.

11
졸인 사과의 물기를 제거하고 크림 위에 올린 후, 180℃ 컨벡션오븐에 14분간 굽는다.

마무리

12
구워져 나오면 나파주를 바른다.

13
한쪽에 라프티스노우를 뿌려서 마무리한다.

Choco croissant

초코 크루아상

발로나사의 68% 다크초콜릿을 사용하여 더욱 깊은 초콜릿 맛을 낸 바삭한 크루아상이다. 따뜻한 커피나 우유 한잔과 함께 하면 더욱 잘 어울린다.

재료

＊반죽

크루아상과 동일

＊초콜릿

발로나 사틸리아누아	4개

＊그 외

달걀물	적당량

중요 공정

반죽 크루아상 공정과 동일

분할 가로 11㎝ 세로 12㎝ 두께 3㎜

성형 초콜릿 3개를 넣고 말아준다.

발효 28℃ 70% 30분

굽기 컨벡션오븐 170℃ 18분

Baking Tip

- 초코 크루아상에 사용한 초콜릿은 카카오의 맛이 강하고 단맛이 적은 초콜릿이기 때문에 약간의 단맛이 나는 초코 크루아상을 만들 경우에는 카카오 30~40% 정도의 초콜릿으로 바꿔주는 것도 가능하며, 다시 템퍼링을 한 후 모양을 만들어 사용하는 것도 좋은 방법이다.

중종 반죽

01
중종 반죽을 만들어 30분간 발효시킨다. 〈크루아상 참조〉

본 반죽 믹싱

02
크린업 단계가 되면 버터를 넣고 발전 단계까지 믹싱한다.

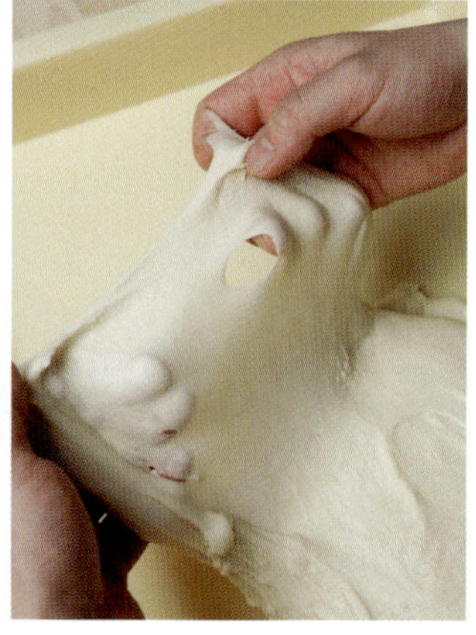

03
발전 단계가 끝난 반죽의 상태. 반죽이 완료되면 냉동고에 넣어 숙성시킨다.

밀어 펴기

04
냉동고에서 꺼낸 반죽을 냉장고에서 해동시켜 정사각형으로 밀어 편 후, 가운데 발효버터를 넣고 감싸준다.

05
반죽의 이음새를 꼼꼼하게 접어준다.

06
버터를 감싼 반죽을 밀어 펴기 한 후, 3절 접기를 1회 하여 냉동휴지시킨다.

07
냉동휴지 20분이 지나면, 다시 밀어 펴기를 한 후, 4절 접기를 1회 하여 다시 냉동휴지시킨다.

성형

08
냉동휴지 20분이 지나면 두께가 3㎜가 되도록 밀어 편다.

분할

09
밀어 편 반죽을 가로 11㎝, 세로 12㎝로 분할한다.

2차 성형

10
분할한 반죽 위에 초콜릿 3개를 올린다.

11
초콜릿을 감싸 말아준다.

12
데니시 반죽을 가늘게 재단하여 띠를 만들어 가운데 부분을 묶어준다.

발효·굽기

13
달걀물을 바른 후 30분간 발효시킨다. 발효가 끝나면 170℃ 컨벡션오븐에 18분간 굽는다.

Country asparagus danish

컨트리 아스파라거스

베샤멜 크림과 컨트리소시지에 사포닌 성분이 함유되어 있는 아스파라거스를 넣고 구운 데니시다. 소시지 안에 넣은 디종 머스터드는 컨트리소시지의 맛을 더욱 좋게 한다.

재료

*** 반죽**

크루아상과 동일

* 베샤멜 크림	(g)
버터	20
박력분	20
우유	225
다진 양파	12
넛메그	적당량
소금	적당량
후추	적당량

* 그 외	
달걀물	적당량
컨트리소시지(개당)	1개
디종 머스터드	적당량
아스파라거스(개당)	1개
파마산 슈레드치즈	적당량

중요 공정

반죽 크루아상 공정과 동일

분할 가로 7㎝ 세로 16㎝ 두께 3㎜

성형 베샤멜 크림을 12g 짜준다.

굽기 아스파라거스를 넣은 소시지를 올리고 파마산 슈레드치즈를 뿌린 후 굽는다.

발효 28℃ 70% 30분

굽기 컨벡션오븐 170℃ 18분

베샤멜 크림 부록 참조

Baking Tip

- 컨트리소시지의 모양이 활처럼 굽은 모양이기 때문에 페이스트리 반죽에 올릴 때는 옆으로 돌아가지 않도록 약간 깊게 눌러준다.
- 2차 발효를 오래 할 경우 소시지가 페이스트리 안쪽으로 너무 깊게 들어가기 때문에 모양이 예쁘지 않으며 바삭한 식감이 없고 빵 같은 느낌을 줄 수 있으니 주의한다.

중종 반죽

01

중종 반죽을 만들어 30분간 발효시킨다. 〈크루아상 참조〉

본 반죽 믹싱

02

크린업 단계가 되면 버터를 넣고 발전 단계까지 믹싱한다.

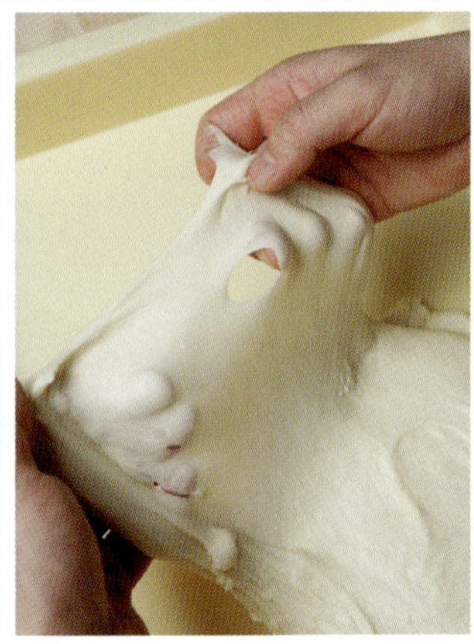

03

발전 단계가 끝난 반죽의 상태. 반죽이 완료되면 냉동고에 넣어 숙성시킨다.

밀어 펴기

04

냉동고에서 꺼낸 반죽을 냉장고에서 해동시켜 정사각형으로 밀어 편 후, 가운데 발효버터를 넣고 감싸준다.

05

반죽의 이음새를 꼼꼼하게 접어준다.

06

버터를 감싼 반죽을 밀어 펴기 한 후, 3절 접기를 1회 하여 냉동휴지시킨다.

07

냉동휴지 20분이 지나면, 다시 밀어 펴기를 한 후, 4절 접기를 1회 하여 다시 냉동휴지시킨다.

1차 성형

08

냉동휴지 20분이 지나면 두께 3㎜가 되도록 밀어 편다.

분할 **2차 성형** **발효** **소시지 준비하기**

09

밀어 편 반죽을 가로 7㎝, 세로 16㎝로 분할한 후, 달걀물을 바른다.

10

가운데 부분에 베샤멜 크림을 짜준다.

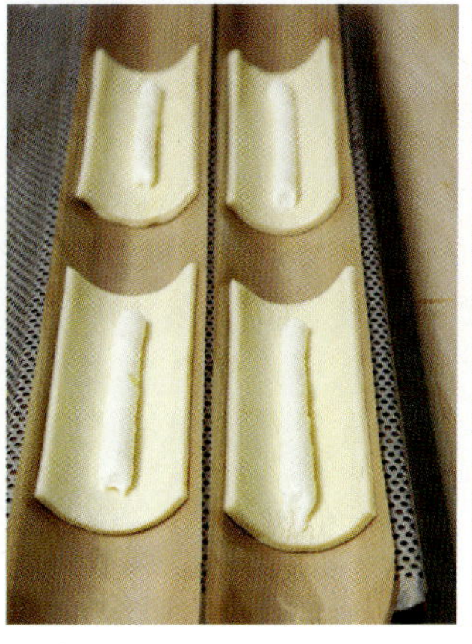

11

실리콘페이퍼 위에 올려서 바게트판에 올린 다음 30분간 발효에 들어간다.

12

컨트리소시지를 대각선으로 칼집을 낸 후, 반으로 칼집을 넣는다.

굽기

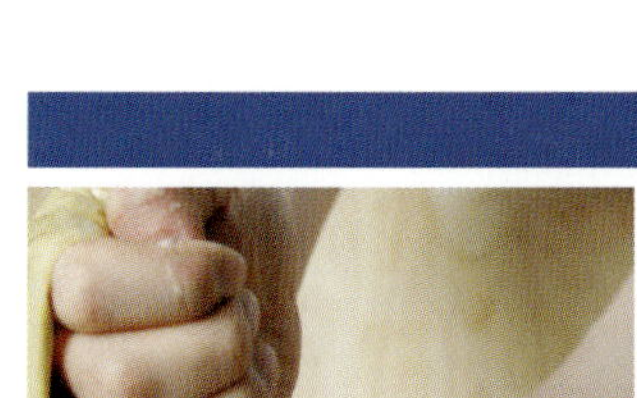

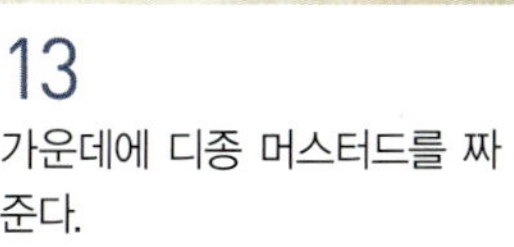

13

가운데에 디종 머스터드를 짜준다.

14

소스 위에 아스파라거스를 꽂아준다.

15

발효가 끝난 반죽 위에 컨트리소시지를 올린다.

16

파마산 슈레드치즈를 위에 뿌려서 170℃ 컨벡션오븐에 18분간 굽는다.

Orange passion lemoncello

오렌지 패션 레몬셀로

커스터드 크림과 특별한 향의 오렌지 마멀레이드를 채워 넣은 데니시다. 오렌지와 패션프루츠의 상큼한 맛이 페이스트리와 잘 어울린다.

재료

*** 반죽**

크루아상과 동일

* 오렌지 마멀레이드	(g)
오렌지 마멀레이드	100
패션퓌레	20
판젤라틴	2
디종 시트론 시트로넬리	5

*** 커스터드 크림**

부록 참조

* 그 외	
달걀물	적당량
라프티스노우(데커레이션 슈거)	적당량

중요 공정

반죽 크루아상 공정과 동일

분할 두께 3㎜ 지름 7.5㎝의 원형 틀로 찍는다.

발효 달걀물을 바른 후 발효시킨다. 28℃ 70% 30분

굽기 커스터드 크림을 13g 짠 후 굽는다. 상 200℃ 하 170℃ 17분

마무리 오렌지 마멀레이드를 15g 채워 준다.

오렌지 마멀레이드 부록 참조

커스터드 크림 부록 참조

Baking Tip

- 반죽을 틀로 커팅할 때에는 약간의 냉동이 된 상태에서 커팅해야 결이 망가지지 않는다.

중종 반죽

본 반죽 믹싱

01
중종 반죽을 만들어 30분간 발효시킨다. 〈크루아상 참조〉

02
크린업 단계가 되면 버터를 넣고 발전 단계까지 믹싱한다.

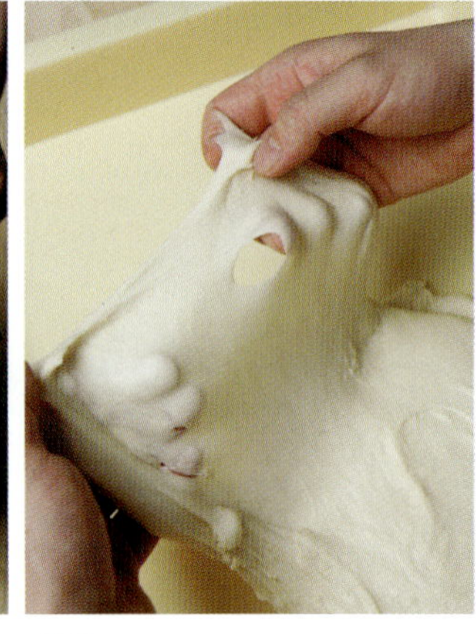

03
발전 단계가 끝난 반죽의 상태. 반죽이 완료되면 냉동고에 넣어 숙성시킨다.

밀어 펴기

04
냉동고에서 꺼낸 반죽을 냉장고에서 해동시켜 정사각형으로 밀어 편 후, 가운데 발효버터를 넣고 감싸준다.

05
반죽의 이음새를 꼼꼼하게 접어준다.

06
버터를 감싼 반죽을 밀어 펴기 한 후, 3절 접기를 1회 하여 냉동휴지시킨다.

07
냉동휴지 20분이 지나면, 다시 밀어 펴기를 한 후, 4절 접기를 1회 하여 다시 냉동휴지시킨다.

성형

08
냉동휴지 20분이 지나면 두께가 3㎜가 되도록 밀어 편다.

분할

09
3㎜로 밀어 편 반죽을 원형 틀로 찍어 낸다.

발효

10
윗면과 옆면까지 달걀물을 바른 후 30분간 발효시킨다.

굽기

11
발효과 끝나면 커스터드 크림을 짠 후, 상 200℃, 하 170℃ 오븐에 17분간 굽는다.

마무리

12
구워져 나오면 오렌지 마멀레이드를 올려준다.

13
한쪽에 라프티스노우를 뿌려준다.

Caramel nuts danish

캐러멜 너츠 데니시

라즈베리크림을 올려 구운 페이스트리에 오렌지 풍미 가득한 캐러멜 소스와 견과류를 듬뿍 올려 고소한 맛이 일품이다.

재료

*** 반죽**

크루아상과 동일

* 라즈베리 크림	(g)
마지팬	25
설탕	12
무염버터	10
박력분	2
라즈베리퓌레	8

* 캐러멜 너츠(1개당)	(g)
캐러멜 소스	15
호두 분태	3
피칸	2개
마카다미아4호	2개
캐쉬너츠	2개

* 캐러멜 소스	(g)
설탕	100
생크림	100
무염버터	5
오렌지 마멀레이드	30
그랑 모나크〈부록 참조〉	5

* 그 외	
달걀물	적당량
라프티스노우(데커레이션 슈거)	적당량
피스타치오 가루	적당량

중요 공정

반죽 크루아상 공정과 동일

분할 가로 8cm 세로 8cm 두께 3mm

성형 가운데 부분을 남겨두고 사방으로 자른 후 끝 부분을 모두 중심으로 접고 달걀물을 바른다.

발효 28℃ 70% 30분

굽기 가운데 라즈베리 크림을 짜준 후 굽는다. 상 210℃ 하 170℃ 16분

마무리 캐러멜 너츠를 올려준다. 라프티스노우를 뿌리고 피스타치오 가루로 장식한다.

라즈베리 크림 부록 참조

캐러멜 소스 부록 참조

Baking Tip

- 캐러멜의 농도가 진하면 쓴 맛이 강하므로 조금 연하게 만들어 사용한다.

중종 반죽

01

중종 반죽을 만들어 30분간 발효시킨다. 〈크루아상 참조〉

본 반죽 믹싱

02

크린업 단계가 되면 버터를 넣고 발전 단계까지 믹싱한다.

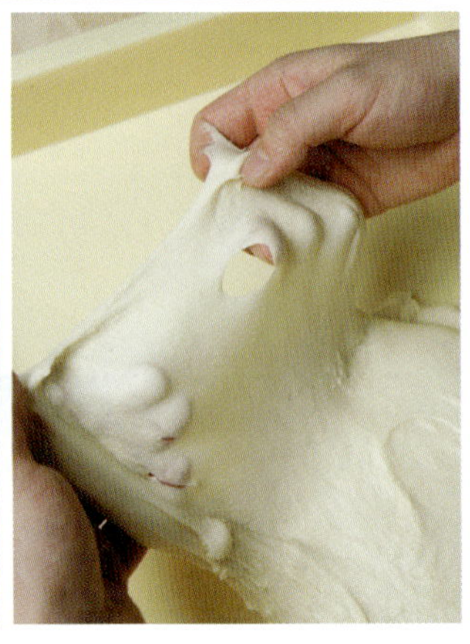

03

발전 단계가 끝난 반죽의 상태. 반죽이 완료되면 냉동고에 넣어 숙성시킨다.

밀어 펴기

04

냉동고에서 꺼낸 반죽을 냉장고에서 해동시켜 정사각형으로 밀어 편 후, 가운데 발효버터를 넣고 감싸준다.

05

반죽의 이음새를 꼼꼼하게 접어준다.

06

버터를 감싼 반죽을 밀어 펴기 한 후, 3절 접기를 1회 하여 냉동휴지시킨다.

07

냉동휴지 20분이 지나면, 다시 밀어 펴기를 한 후, 4절 접기를 1회 하여 다시 냉동휴지시킨다.

성형

08

냉동휴지 20분이 지나면 두께가 3㎜가 되도록 밀어 편다.

2차 성형

09
3㎜로 밀어 편 크루아상 반죽을 가로, 세로 8㎝로 분할한 후, 가운데 부분을 남겨두고 사방으로 자른다.

10
끝 부분을 모두 중심으로 접어준다.

11
이음새가 벌어지지 않도록 꾹꾹 눌러 마무리한다.

발효

12
달걀물을 전체적으로 바른 다음 틀에 넣어 30분간 발효시킨다.

굽기

13
발효가 끝나면 가운데 라즈베리 크림을 짜준다. 상 210℃, 하 170℃ 오븐에 16분간 굽는다.

캐러멜 너츠 만들기

14
캐러멜 소스와 견과류를 섞어준다.

마무리

15
구운 데니시에 캐러멜 너츠를 올린다.

16
한쪽에 라프티스노우를 뿌리고 피스타치오 가루를 뿌려서 장식한다.

Dijon rose poire

디종 로즈 푸아르

커스터드 크림 위에 장미 향 나는 서양배 콩포트를 만들어 올린 페이스트리다. 달콤새콤한 서양배와 페이스트리의 맛이 환상의 궁합을 자랑한다.

재료

*** 반죽**

크루아상과 동일

*** 커스터드 크림**

부록 참조

* 서양배 콩포트	(g)
레몬즙	10
물	200
설탕	120
화이트와인	30
크랜베리IQF(냉동 크랜베리)	20
서양배(캔)	4쪽
디종 로즈	20

* 샹티이 크림	(g)
생크림	100
설탕	3

* 그 외	
달걀물	적당량
미로와	적당량
라프티스노우(데커레이션 슈거)	적당량

중요 공정

반죽 크루아상 공정과 동일

분할 상 : 가로 8㎝ 세로 8㎝
원형지름 5.5㎝ 두께 3㎜
하 : 가로 8㎝ 세로 8㎝ 두께 3㎜

성형 원형 세르클로 찍어낸 반죽을 사각 반죽 위에 올리고 커스터드 크림을 짜준다.

발효 28℃ 70% 30분

굽기 상 200℃ 하 170℃ 20분

마무리 샹티이 크림을 짜준다.
서양배 콩포트를 올려 장식한다.

서양배 콩포트 부록 참조

샹티이 크림 부록 참조

Baking Tip

- 서양배(캔)를 신선한 배로 사용할 때에는 처음부터 넣고 졸여주면 맛있는 배 콩포트를 만들 수 있다.

중종 반죽

01
중종 반죽을 만들어 30분간 발효시킨다. 〈크루아상 참조〉

본 반죽 믹싱

02
크린업 단계가 되면 버터를 넣고 발전 단계까지 믹싱한다.

03
발전 단계가 끝난 반죽의 상태. 반죽이 완료되면 냉동고에 넣어 숙성시킨다.

밀어 펴기

04
냉동고에서 꺼낸 반죽을 냉장고에서 해동시켜 정사각형으로 밀어 편 후, 가운데 발효버터를 넣고 감싸준다.

05
반죽의 이음새를 꼼꼼하게 접어준다.

06
버터를 감싼 반죽을 밀어 펴기 한 후, 3절 접기를 1회 하여 냉동휴지시킨다.

07
냉동휴지 20분이 지나면, 다시 밀어 펴기를 한 후, 4절 접기를 1회 하여 다시 냉동휴지시킨다.

성형

08
냉동휴지 20분이 지나면 두께 3㎜가 되도록 밀어 편다.

분할

2차 성형

발효·굽기

09

3㎜로 밀어 편 반죽을 가로, 세로 8㎝로 분할하고 두 장 중 한 장을 원형 세르클로 찍어준다.

10

사각형 반죽 윗면에 달걀물을 바른 다음 원형 세르클로 찍어 낸 반죽을 위에 올린다.

11

옆면도 빠짐없이 전체적으로 달걀물을 바른다.

12

가운데 부분에 커스터드 크림을 짜고 30분간 발효시킨 다음 상 200℃, 하 170℃ 오븐에 20분간 굽는다. 커스터드 크림을 짜고 발효를 하면 반죽이 틀어지는 것을 방지할 수 있다.

마무리

13

데니시가 구워져 나오면 식힌 후에 샹티이 크림(생크림)을 짜준다.

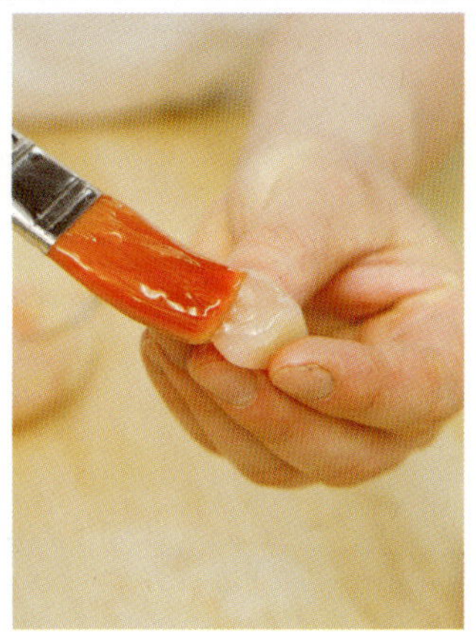

14

서양배 콩포트의 물기를 제거한 후, 적당한 크기로 잘라 미로와를 바른다.

15

13 위에 14를 올린 다음 다시 한 번 미로와를 발라준다.

16

한쪽에 라프티스노우를 뿌리고 허브로 장식한다.

PART 09
부록

Whole wheat & spinach potato gratin

통밀 시금치 감자 그라탱

고소한 통밀빵에 매시드 포테이토를 넣어 만든 그라탱으로 노릇노릇 바로 구웠을 때 먹으면 더욱 맛있다.

매시드 포테이토
삶은 감자 150g 생크림 185g
파마산치즈 37g 바질 적당량
파슬리 소량 버터 1/2T

통밀 바게트 100g 분할
생크림 150g 매시드 포테이토 100g
그뤼에르치즈 J 30g 시금치 적당량
파마산치즈 적당량 후추 적당량
바질, 파슬리 적당량
모짜렐라치즈 적당량

만드는 방법

매시드 포테이토 만들기

01 삶은 감자를 체에 내린 후, 팬에 버터를 제외한 다른 재료를 모두 넣고 걸쭉해질 때까지 끓여준다. 걸쭉해지면 버터를 넣고 마무리한다.

통밀 시금치 감자 그라탱 만들기

01 100g으로 분할하여 구운 통밀 바게트의 윗부분을 자른 후, 아랫부분의 속을 파낸다.

02 생크림에 매시드 포테이토, 그뤼에르치즈 J를 넣고 끓인다.

03 2에 시금치를 손으로 잘라 넣고 파마산치즈, 후추, 바질을 넣어 살짝 끓여준다.

04 1의 바게트 속에 3의 크림을 채운다.

05 모짜렐라치즈, 파마산치즈, 파슬리를 뿌린 후, 상 240℃, 하 150℃의 오븐에 넣어 치즈가 노릇하게 구워질 때까지 굽는다.

Italian pizza sandwich

이탈리안 피자 샌드위치

각종 채소와 버섯, 올리브 등을 넣어 먹을 수 있는 피자와 샌드위치 중간 형태의 간편한 샌드위치다.

재료

피자도우(1개 분량) 〈우리밀 칼조네 참조〉
피자도우 50g 파마산 치즈 적당량

볶는 재료
양송이버섯 2개 새송이버섯 1/2개
다진 양파 적당량 파마산치즈 적당량

모듬 채소 적당량 올리브오일 적당량
토마토 1/5개 파마산치즈 적당량
올리브 적당량 발사믹크림 적당량

참 에멘탈소스
참 에멘탈치즈 1,000g 생크림 100g
휘핑크림 100g

만드는 방법

피자도우 만들기

피자도우를 밀어 펴 원형 틀에 넣고 파마산치즈를 뿌려서 오븐에 굽는다.
오븐에서 나오자마자 바로 채소를 올려야 부서지는 것을 막을 수 있다.

이탈리안 피자 샌드위치 만들기

01 기름을 두른 팬에 양송이버섯, 새송이버섯, 다진 양파를 살짝 볶은 후, 파마산치즈를 뿌린다.

02 모듬 채소에 1과 올리브오일을 넣어 골고루 섞은 후, 파마산치즈를 적당히 뿌린다.

03 구운 피자도우 반쪽에 2를 올려주고 자른 토마토와 올리브를 올린다.

04 참 에멘탈 소스를 채소 위에 뿌리고, 발사믹크림을 적당히 뿌려준다.
(참 에멘탈 소스는 모든 재료를 넣고 끓으면 완전히 식혀서 사용한다.)

05 반으로 접은 후, 다시 반을 잘라 마무리한다.

잉글리시 포치드에그 English poached egg

잉글리시 머핀에 각종 채소와 포치드한 달걀을 넣어 만든 건강한 오픈 샌드위치다.

재료

참 에멘탈 소스 만들기
참 에멘탈치즈 1,000g 생크림 100g
휘핑크림 100g

잉글리시 머핀 1개 바질 페스토 적당량
라디치오 2장 롤라로사 2장씩
양파링 적당량 비어햄 1장 올리브 적당량
포치드에그 1개 참 에멘탈소스 적당량
파마산치즈 적당량

만드는 방법

잉글리시 머핀 만들기

01 풀리쉬 식빵 반죽 120g을 지름 12cm, 높이 4.5cm의 원형 틀에 성형한 뒤 40분간 2차 발효한다.

02 170℃ 오븐에서 15분간 굽는다.

포치드에그 만들기

01 볼에 물을 적당히 채운 후, 그 안에 작은 사이즈의 세르클을 넣는다.

02 세르클 안에 달걀을 깨서 넣고 물이 끓지 않도록 95℃ 정도로 끓인다.

03 노른자 표면이 살짝 익어가면 세르클을 빼고 삶은 달걀을 꺼낸다.

잉글리시 포치드에그 만들기

01 잉글리시 머핀에 바질 페스토를 바른다.

02 라디치오와 롤라로사를 얹고 양파링을 올린다.

03 비어햄, 올리브, 포치드에그 순으로 올린다.

05 분량의 재료를 끓여서 식힌 참 에멘탈소스와 파마산치즈를 뿌려준다.

치아바타 샌드위치 Ciabatta sandwich

건강한 빵에 채소만을 사용하여 아침식사로 부담없이 만들어 먹을 수 있는 샌드위치다.

재료

치아바타 빵 1개 식용유 적당량
양파 1/2개 소금·후추 적당량
밀가루 적당량 애호박 2개 가지 2개
바질 페스토 적당량 겨자채 1장
발사믹 드레싱 적당량
(새송이를 넣어도 좋다)

만드는 방법

튀긴 양파 만들기

01 양파를 채 쳐 수분이 있는 상태에서 소금, 후추로 간을 한다.

02 밀가루를 조금 넣고 버무린 뒤 달궈진 기름에 살짝 넣고 튀겨낸다.

치아바타 샌드위치 만들기

01 애호박, 가지는 슬라이스해서 소금, 후추로 간을 하고 그릴이나 프라이팬에 구워준다.

02 치아바타를 반으로 갈라서 벌려 바질 페스토를 얇게 발라준다.

03 겨자채를 한 장 깔고 구운 야채를 올린다.

04 튀긴 양파를 올린 뒤 발사믹 드레싱을 뿌려서 완성한다.

통밀 샌드위치 Whole wheat sandwich

통밀 식빵에 햄과 베이컨을 비롯한 각종 재료들이 잘 어우러지는 샌드위치다.

재료

통밀 식빵 2장 바질 페스토 적당량
겨자채 1장 베이컨 3개
비어햄 2장 썬드라이토마토 9개
참 에멘탈치즈 적당량 크림치즈 적당량

만드는 방법

통밀 샌드위치 만들기

01 바질 페스토를 아래쪽 식빵에 바른다.

02 겨자채를 올린 뒤 베이컨을 반으로 잘라서 올린다.

03 비어햄을 반으로 접어서 올린다.

04 썬드라이토마토를 올리고 참 에멘탈치즈를 짜준다.

05 윗쪽 식빵에 크림치즈를 발라서 덮고 그릴에 굽는다.

파니니 샌드위치 Panini sandwich

바질 페스토의 독특한 향과 치킨의 매콤함이 잘 어울리는 파니니이다.

재료

파니니빵 1개 바질 페스토 2g
겨자채 1장 스파이시 치킨 50g
모짜렐라치즈 3장

만드는 방법

파니니 샌드위치 만들기

01 파니니빵을 반으로 잘라 벌려준다.

02 바질 페스토를 양쪽 잘라진 부분에 얇게 발라준다.

03 겨자채 한 장과 스파이시 치킨을 50g 올려준다.

04 모짜렐라치즈를 올린 뒤 파니니 그릴에 눌러서 굽는다.

기본 재료와 리큐르의 종류

01 기본 재료

통밀 가루

30MESSH의 고운 통밀이며 단백질 약 12%와 회분 1.45% 정도의 성분을 갖고 있다. 제조원은 동아원.

우리밀

우리밀 고운입자는 단백질 10.6% 정도의 성분을 갖고 있다. 제조원은 한국제분.

전립분(통밀 중간 입자)

18MESSH 중간 정도의 통밀이며 약간의 씹는 맛을 위해 사용한다. 제조원은 동아원.

우리 멀티 그레인믹스

우리나라에서 생산되는 잡곡을 이용해 만든 것으로 친숙한 맛과 향을 느낄 수 있다. 제조원은 ㈜선인.

찰보리 가루(강력분)

빵을 만들기에 적당한 상태로 만들어진 찰보리 강력분으로, 전라도 영광에서 생산된다.

찰보리 가루(박력분)

찰보리 박력분은 카스텔라와 빵에 사용할 수 있다. 전라도 영광에서 생산된다.

테그랄 돌체-파네

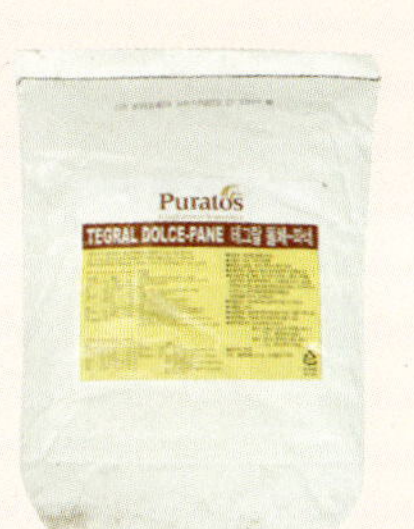

밀가루와 혼합하여 사용하면 이탈리아풍의 파네토네를 맛볼 수 있다. 제조원은 ㈜퓨라토스코리아.

호밀 가루

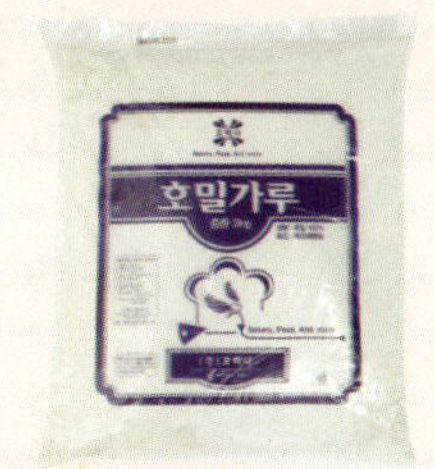

캐나다산 호밀가루는 주로 건강 빵을 만드는 데 사용하며 독일 빵에도 사용한다.

세몰리나

세몰리나는 듀럼밀에서 가공한 것으로, 입자가 거칠고 단백질 함량이 높다.

인스턴트드라이이스트(레드)

저배합, 즉 설탕이 밀가루 대비 약 8% 미만인 반죽에 사용할 목적으로 만들어진 저당 이스트이다.

토핑 슈거

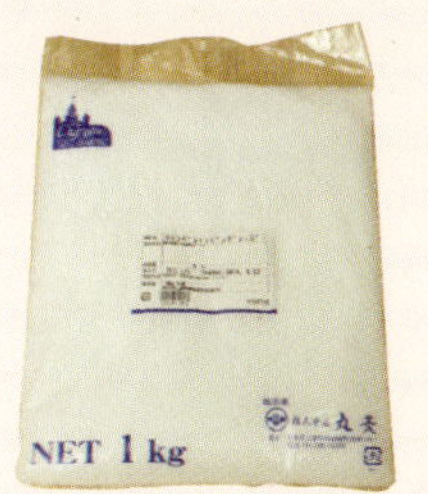

오븐에 들어가도 녹지 않는 설탕이다. 메론빵 토핑으로 많이 사용한다. 수입원은 ㈜마루비시.

파넬라 슈거

정제하지 않은 천연설탕으로, 미네랄이 풍부하다.

헤이즐넛 믹스

헤이즐넛 풍미의 믹스다. 수입원은 ㈜베이크플러스.

건조 애플레드스킨

비타민C가 첨가된 건조사과다. 수입원은 ㈜네이처 에프엔비.

콩믹스

세 가지의 콩이 믹스되어 있는 제품이며 빵과 파운드에 사용하면 좋다. 수입원은 ㈜마루비시.

밀크롤링 시트

반죽에 넣어 바로 사용할 수 있는 밀크롤링 시트다. 판매원은 ㈜오뚜기.

골든레이즌

황금색으로 맛이 부드러우며 다른 충전물과도 잘 어울리는 것이 특징이다. 수입원은 ㈜네이처 에프엔비.

파마산치즈

입자가 약간 굵은 상태이며, 구웠을 때 바삭하고 고소한 맛이 좋다. 수입원은 ㈜제니코.

체더 다이스치즈

네모난 모양으로 재단이 되어 사용하기 편리한 내열성 치즈다. 수입원은 ㈜제니코.

모짜렐라 다이스치즈

모짜렐라치즈를 네모난 모양으로 만들어 빵이나 케이크에 사용하기 편리하다. 수입원은 ㈜제니코.

몬테레이잭 다이스치즈

몬테레이잭 다이스치즈를 네모난 모양으로 만들어 사용하기 편리하다. 수입원은 ㈜제니코.

고다 다이스치즈

고다치즈는 약간은 단단한 형태의 치즈이며 네모난 모양을 하고 있다. 수입원은 ㈜제니코.

롤치즈

치즈 함량이 83%인 제품으로 오븐에 구웠을 때 녹지 않고 둥근 모양을 유지한다. 제조원은 ㈜제일유업.

볶음 현미

현미를 볶아놓은 상태이며 건강빵 위에 토핑하면 구수한 맛이 빵과 잘 어울린다. 수입원은 ㈜네이처 에프엔비.

요구르트 페이스트

요구르트의 맛이 약할 때 소량씩 사용하면 상큼하고 진한 맛을 얻을 수 있다. 수입원은 ㈜선인.

참 에멘탈치즈

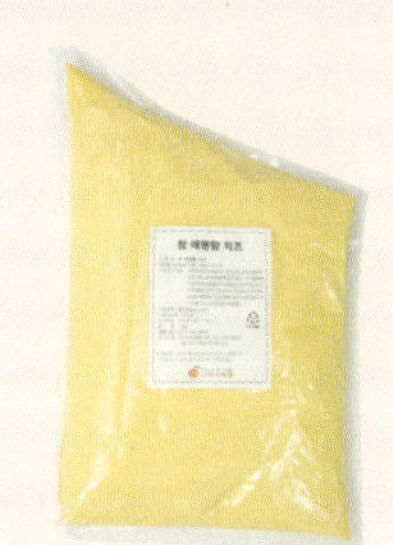

토핑용이나 충전물, 소스를 만드는 데 주로 사용한다. 크림치즈 베이스로 만들어졌다. 제조원은 ㈜데어리젠.

그뤼에르치즈 J

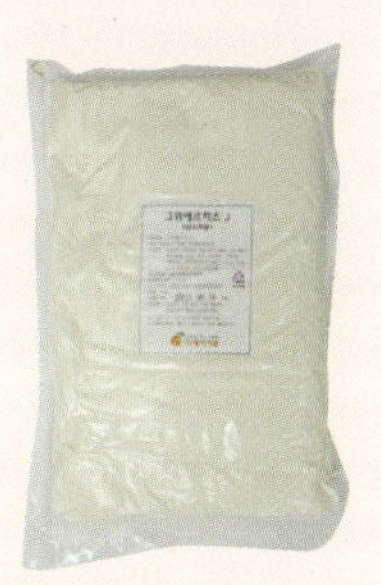

크림치즈 베이스에 넣어 빵이나 무스에 사용하기 좋은 치즈다. 제조원은 ㈜데어리젠.

블루베리 리플잼

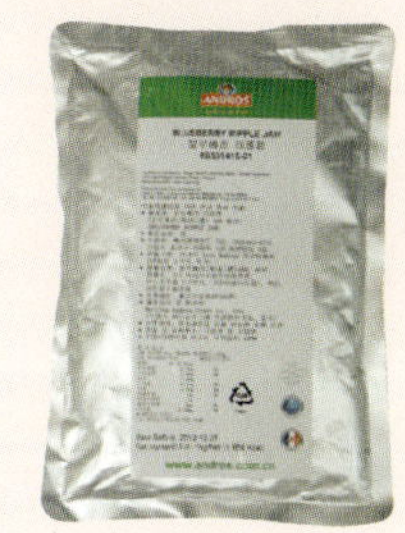

블루베리에 펙틴과 설탕 등을 넣어 잼 상태로 만든 제품이다. 수입원은 ㈜지엔엘푸드.

데어리젠 요구르트 플레인

천연 요구르트를 사용하여 부드럽고 상큼한 요구르트이며 케이크에 주로 사용한다. 제조사는 ㈜데어리젠.

고르곤졸라 크림치즈

크림 상태의 부드러운 치즈로 채소에 버무려 토핑하기에 좋다. 제조사는 ㈜데어리젠.

스파이시 치킨

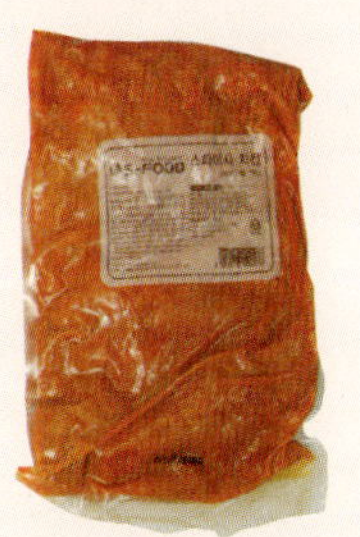

매콤한 맛의 스파이시 치킨은 바로 사용할 수 있으며 채소와 함께 볶아 사용해도 좋다. 제조원은 S-FOOD.

포테이토 샐러드

그대로 사용해도 되지만 삶은 감자나 채소를 더하면 더 맛있게 먹을 수 있다. 제조원은 ㈜엠디에스코리아.

컨트리소시지

소시지 하나로도 좋은 맛을 내지만, 약간의 소스와 함께하면 더 좋은 맛을 낼 수 있다. 제조원은 S-FOOD.

초코칩 3000

리얼 초콜릿으로 일반적인 초코칩에 비해 두 배 정도 크고 맛도 더 강하다. 수입원은 ㈜선인.

냉동 크랜베리IQF

설탕이 들어 있지 않기 때문에 소스나 장식을 만드는 데 사용한다. 수입원은 ㈜지엔엘푸드.

오렌지 마멀레이드

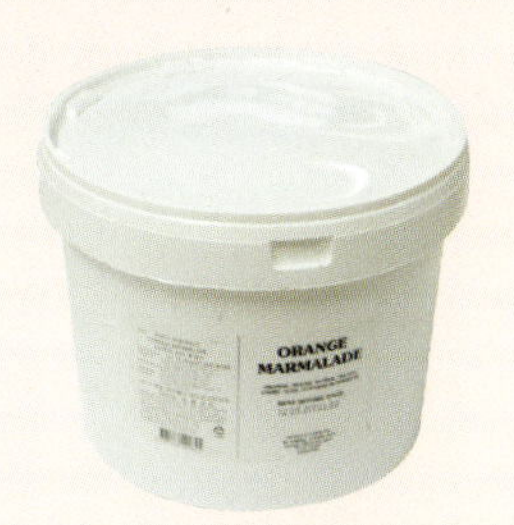

오렌지의 맛이 상큼해서 굽거나 무스에 사용해도 좋은 제품이다. 수입원은 ㈜제원 인터내쇼날.

커런트	보늬밤	사과 다이스	로티카페
			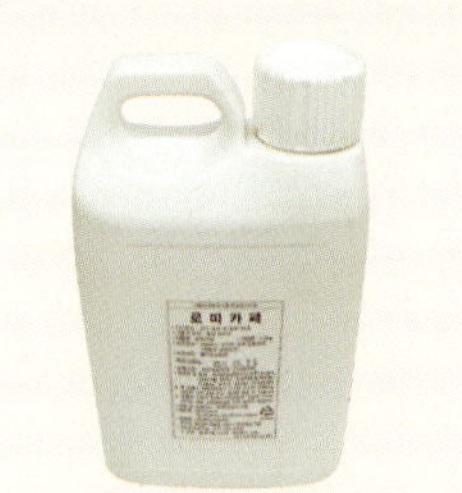
일반 청포도보다 작은 품종으로 새콤달콤함이 빵과 잘 어울리며 다른 충전물과도 잘 어우러지는 맛을 가졌다. 수입원은 ㈜네이처 에프엔비.	국내에서 생산하는 밤을 속껍질까지 사용할 수 있게 만든 부드러운 밤이다. 판매원은 ㈜베이크플러스.	네모난 모양의 사과 다이스이며 설탕을 사용해 가공한 것이다. 제조원은 ㈜설정식품.	제품을 구운 후에도 커피향을 유지시켜주기 때문에 주로 굽는 제품에 사용하면 좋다. 판매원은 ㈜베이크플러스.

02 리큐르의 용도 및 특징

리큐르 수입원 올리커, ㈜에이엘 엘리커

모나크 트리플색

- **알코올** : 40%
- **생산국** : 미국
- **용도** : 골든 레이즌, 크랜베리 전처리에 사용
- **특징** : 오렌지를 사용하여 만든 리큐르로, 밝은 색의 과일에 사용하면 잘 어울리며 생크림에 넣으면 더욱 신선한 맛을 얻을 수 있다.

디종 블루베리

- **알코올** : 20%
- **생산국** : 프랑스
- **용도** : 건조 블루베리 전처리에 사용
- **특징** : 블루베리 리큐르는 크림이나 과일을 절일 때 사용하면 그 맛과 향이 오래 지속되는 특징이 있다.

모나크 골드럼

- **알코올** : 40%
- **생산국** : 미국
- **용도** : 반건조무화과 전처리에 사용
- **특징** : 오크배럴에서 최소 4년 이상 숙성한 럼으로 부드러운 럼의 향을 갖고 있어 크림이나 과일을 절일 때 사용한다.

칼바도스

- **알코올** : 40%
- **생산국** : 프랑스
- **용도** : 사과 전처리에 사용
- **특징** : 프랑스 노르망디 지방의 사과를 증류하여 만든 브랜디로 맛과 향의 숙성도가 높은 리큐르이다.

팡럼

- **알코올** : 40%
- **생산국** : 필리핀
- **용도** : 건포도 전처리에 사용
- **특징** : 검은색 과일을 전처리할 때 사용하기 좋으며 제누아즈나 스펀지를 제조할 때 주로 사용한다.

그랑 모나크

- **알코올** : 40%
- **생산국** : 미국
- **용도** : 오렌지 전처리에 사용
- **특징** : 오렌지의 과피를 원료로 하고 있으며 프랑스의 코냑과 오렌지 에센스를 첨가한 깊은 맛의 리큐르다. 오렌지 계통의 과일과 생크림 등에 사용하면 더욱 깊은 맛을 얻을 수 있다.

디종 아니세트

- **알코올** : 25%
- **생산국** : 프랑스
- **용도** : 프루츠 전처리에 사용
- **특징** : 주원료인 아니세트는 고대 그리스로부터 약용, 향료, 조미료로 사용되어 왔으며 특별한 맛과 향을 원할 때 가나슈와 과일을 절일 때 사용하면 잘 어울린다.

디종 에프리콧

- **알코올** : 21%
- **생산국** : 프랑스
- **용도** : 건살구 전처리에 사용
- **특징** : 살구 리큐르는 남프랑스산 살구를 사용하며 과육과 종자를 으깨어 독특하고 오묘한 맛을 지니고 있다. 건조살구에 사용하면 훨씬 맛있는 살구의 맛을 느낄 수 있다.

디종 시트론 시트로넬리

- **알코올** : 30%
- **생산국** : 프랑스
- **용도** : 필링 및 크림을 제조시 사용
- **특징** : 부드러운 레몬의 맛을 가지고 있어 오렌지나 딸기처럼 과일로 필링이나 크림을 만들 때 주로 사용한다.

디종 로즈

- **알코올** : 18%
- **생산국** : 프랑스
- **용도** : 과일 전처리에 사용
- **특징** : 장미의 은은하고 달콤한 향기를 느낄 수 있는 리큐르다. 초콜릿과 젤리, 셔벗 등에 사용하면 향기로운 맛과 향이 증가되어 더욱 매력적이다.

디종 카시스

- **알코올** : 20%
- **생산국** : 프랑스
- **용도** : 건조과일 전처리에 사용
- **특징** : 향과 맛이 진하기 때문에 건포도나 크랜베리처럼 특징을 주고 싶은 과일에 넣어 하루 이상 담궈두면 특별한 맛을 낼 수 있다.

디종 프랑부아즈

- **알코올** : 20%
- **생산국** : 프랑스
- **용도** : 과일 전처리에 사용
- **특징** : 디종 프랑부아즈는 나무딸기의 원액 함유량이 매우 높아 맛과 향에 있어서 어떠한 제품도 흉내낼 수 없는 제품이다. 산딸기 본연의 맛을 최적화로 유지하려면 냉장 보관하는 것이 가장 좋다.

03 충전물과 토핑 만들기

그뤼에르 소스

[재료]
그뤼에르J 100g, 휘핑크림 30g, 생크림 20g

[공정]
분량의 모든 재료를 냄비에 넣고 끓으면 식힌 후 사용한다.

딸기앙금

[재료]
생딸기 400g, 물 200g, 통팥앙금 2,000g

[공정]
딸기와 물을 갈아서 통팥앙금에 넣고 적당히 끓여준다.

라즈베리 크림

[재료]
마지팬 25g, 설탕 12g, 무염버터 10g, 박력분 2g, 라즈베리퓌레 8g

[공정]
분량의 모든 재료를 넣고 잘 섞어 준다.

마늘 소스(갈릭난용)

[재료]
마요네즈 100g, 설탕 50g, 달걀 35g, 생크림 25g, 팡림 3g, 간 생마늘 18g

[공정]
분량의 모든 재료를 볼에 넣고 거품기로 잘 섞어준다.

마늘 소스(마늘 바게트용)

[재료]
버터 240g, 설탕 150g, 다진 마늘 10g, 마늘 분말 9g, 당근 1/2개

[공정]
분량의 재료를 모두 넣고 타지 않게 끓여준다.

마요네즈 머스터드 소스

[재료]
마요네즈 200g, 머스터드 20g, 설탕 20g, 다진 양파 60g, 피클 1/4g

[공정]
피클과 양파를 다진 후, 나머지 재료와 섞어준다.

모카랑 코코 토핑

[재료]
흰자 210g, 설탕 195g, 롱코코넛 210g, 박력분 37g

[공정]
분량의 재료를 모두 넣고 섞어준다.

버터 크림

[재료]
물 20g, 설탕Ⓐ 100g, 물엿 25g, 흰자 50g, 설탕Ⓑ 25g, 소금 1g, 무염버터 500g, 연유 30g, 팡림 12g

[공정]
1 물, 설탕Ⓐ, 물엿을 117℃까지 끓여준다. **2** 흰자, 설탕Ⓑ, 소금을 휘핑해 70% 정도 올라오면 ①을 넣어 이탈리안 머랭을 만든다. **3** ②가 식으면 버터, 연유, 팡림을 순서대로 넣어 크림을 완성한다.

번 크림

[재료]
무염버터 500g, 설탕 140g, 아몬드 분말 200g, 소금 5g

[공정]
1 부드러운 버터에 나머지 재료를 넣고 잘 섞어준다. **2** 짤주머니에 넣어 짠 후, 냉동고에 보관한다.

번 토핑

[재료]
무염버터 100g, 설탕 100g, 달걀 75g, 중력분 80g, 아몬드 분말 20g, 전분 10g, 로티카페 16g

[공정]
1 버터와 설탕을 믹서볼에 넣고 저속으로 휘핑한다. **2** 달걀을 ①에 넣어가며 믹싱한다. **3** 가루류를 체에 내려서 섞어주고 로티카페를 섞는다.

베샤멜 크림

[재료]
버터 20g, 박력분 20g, 우유 225g, 다진 양파 12g, 넛메그 적당량, 후추 적당량, 소금 적당량

[공정]
1 버터를 볼에 넣고 끓으면 박력분을 넣고 섞어준 후 우유를 여러 번 나누어 섞어준다. **2** 양파를 넣고 끓인다. **3** 넛맥과 후추를 넣고 소금으로 간을 조절한다.

복분자 블루베리 토핑

[재료]
아몬드 분말 100g, 분당 100g, 흰자 100g, 검정깨 10g

[공정]
체 친 아몬드 분말과 분당에 흰자, 검정깨를 넣고 섞어준다.

복분자 필링

[재료]
크림치즈 500g, 설탕 155g, 소프트 T 400g, 검정깨 30g, 흰자 100g, 복분자밀 50g

[공정]
크림치즈와 설탕을 섞어주고 나머지 재료를 섞어준다.

블루베리 크림치즈

[재료]
크림치즈 200g, 설탕 50g, 블루베리 리플잼 60g,

[공정]
부드러운 크림치즈에 설탕을 넣고 리플잼을 섞어준다.

사과 충전물

[재료]
판젤라틴 8장, 황설탕 150g, 설탕 50g, 시너먼 가루 4g, 사과다이스 1,200g, 차가운 물 42g, 전분 42g, 건포도 120g,

[공정]
1 판젤라틴을 차가운 물에 20분 가량 담궈둔다. **2** 황설탕, 설탕, 시너먼 가루, 사과다이스를 볼에 넣고 수분이 없도록 끓여준다. **3** 차가운 물과 전분을 풀어서 ②에 넣고 끓인 다음 건포도와 판젤라틴의 물기를 제거하고 넣는다.

생크림

[재료]
에버휩 300g, 생크림 100g, 디종 트리플색 5g

[공정]
모든 재료를 믹서볼에 넣고 100% 휘핑한다.

샹티이크림

[재료]
생크림 100g, 설탕 3g

[공정]
생크림과 설탕을 100% 휘핑한다.

서양배 콩포트

[재료]
레몬즙 10g, 물 200g, 설탕 120g, 화이트와인 30g, 크랜베리IQF 20g, 서양배(캔) 4쪽, 디종 로즈 20g

[공정]
1 양배와 디종 로즈를 제외한 나머지를 볼에 넣고 끓인다. **2** ①이 끓으면 양배를 넣고 완전히 식으면 디종 로즈를 넣고 랩으로 밀봉을 한 후 냉장고에서 하루 보관한다.

숙성 프루츠

[재료]
사과 56g, 건포도 132g, 커런츠 130g, 호두분태 50g, 생강즙 10g, 레몬제스트 1/4개, 잣 50g, 계피 1g, 설탕 13g, 꿀 22g, 아니스 리큐르 11g, 다크럼 25g

[공정] **1** 사과는 껍질을 벗기고 깍뚝썰기를 하여 준비한다. **2** 모든 재료를 통에담아 냉장고에 보관하고 하루에 한번씩 흔들어 주면서 90일간 숙성을 시킨 후 사용한다.

스트로이젤

[재료]
무염버터 70g, 설탕 70g, 중력분 120g, 베이킹파우더 1.4g, 분유 2g

[공정]
1 무염버터를 부드럽게 만들어준다. **2** 설탕을 ①에 섞는다. **3** 나머지 재료를 체에 쳐서 ②에 넣고 섞는다.

시너먼 필링

[재료]
황설탕 300g, 무염버터 170g, 소금 2.5g, 꿀 230g, 시너먼 가루 6g, 바닐라오일 10g

[공정]
분량의 모든 재료를 잘 섞어준다.

아몬드 크림

[재료]
무염버터 450g, 설탕 350g, 달걀 8개, 팡럼 30g, 아몬드 분말 550g, 전분 33g

[공정]
1 버터를 부드럽게 풀고 설탕, 달걀, 팡럼을 넣고 섞어준다. **2** 체에 내린 아몬드 분말, 전분을 넣고 섞는다.

오렌지 마멀레이드

[재료]
판젤라틴 2g, 오렌지 마멀레이드 100g, 패션퓌레 20g, 디종 시트론 시트로넬리 5g

[공정]
1 판젤라틴을 물에 불린다.
2 오렌지 마멀레이드와 패션퓌레를 40℃로 데우고 판젤라틴을 넣고 섞어준다. **3** 디종 시트론 시트로넬리를 넣는다.

옥수수 토핑 크림

[재료]
무염버터 200g, 설탕 160g, 달걀 140g, 박력분 24g, 옥수수 분말 84g, 우유 12g, 식용유 12g

[공정]
1 부드러운 무염버터에 설탕을 넣고 저속 휘핑한다. **2** 달걀을 ①에 넣고 휘핑한다. **3** 체친 박력분과 옥수수 분말을 ②에 섞어준다. **4** 우유와 식용유를 섞어 매끄러워지면 완성이다.

우리밀 칼조네 충전물

[재료]
양배추 400g, 양파 300g, 버터 적당량, 소금 적당량, 스파이시 치킨 1,000g,

[공정]
채 친 양배추와 양파를 버터, 소금으로 살짝 볶은 후 식으면 스파이시 치킨과 섞는다.

요거트생크림

[재료]
생크림 150g, 에버휩 150g, 데어리젠 요구르트 플레인 90g, 요구르트 페이스트 45g, 모나크 트리플색 9g

[공정]
모든 재료를 믹서볼에 넣고 100% 휘핑한다.

졸인 사과

[재료]
사과 300g, 설탕 60g, 레몬 1/6개, 바닐라빈 1/6개, 칼바도스 7g

[공정]
1 껍질과 씨를 제거한 사과를 적당한 두께로 슬라이스하고 설탕, 레몬, 바닐라빈을 넣고 끓인다. **2** 마지막에 칼바도스를 넣고 1분 가량 끓여준다.

찹쌀소

[재료]
찹쌀 140g, 설탕 30g, 소금 1.2g, 물 15~20g, 완두배기 30g, 팥배기 30g

[공정]
손으로 반죽을 잘 치대고 충분히 뭉쳐지면 완두배기와 팥배기를 넣고 부서지지 않도록 섞어준다.

찹쌀 필링

[재료]
찹쌀 100g, 설탕 15g, 소금 1g, 물 25g, 팥배기 20g, 통팥앙금 25g

[공정]
찹쌀, 설탕, 소금, 물을 볼에 넣고 충분히 섞은 후 팥배기와 통팥앙금을 섞는다.

초코 반죽

[재료]
무염버터 100g, 분당 100g, 흰자 100g, 박력분 90g, 코코아 20g

[공정]
1 부드러운 버터에 분당을 섞어준다. **2** 흰자를 3회에 나누어 넣고 섞어준다. **3** 박력분과 코코아를 2회 체에 내려서 2에 섞어준다.

치즈 필링

[재료]
크림치즈 500g, 그뤼에르J 150g, 참 에멘탈치즈 50g

[공정]
분량의 재료는 모두 섞어준다.

캐러멜 소스

[재료]
설탕 100g, 생크림 100g, 무염버터 5g, 오렌지 마멀레이드 30g, 그랑모나크 5g

[공정]
1 설탕을 캐러멜화시키고 끓인 생크림을 넣어 끓여준다. **2** 무염버터를 넣고 식힌 후 오렌지 마멀레이드와 그랑모나크를 넣고 섞는다.

커스터드 크림

[재료]
우유 1,000g, 설탕Ⓐ 130g, 바닐라빈 1/2g, 달걀 120g, 노른자 120g, 설탕Ⓑ 130g, 박력 쌀가루 37g, 전분 37g, 무염버터 50g, 생크림 10g

[공정] **1** 우유, 설탕Ⓐ, 바닐라빈을 볼에 넣고 끓인다. **2** 달걀과 노른자를 풀어주고 설탕Ⓑ, 박력 쌀가루, 전분과 잘 섞어준다. **3** ①이 끓으면 ②에 서서히 부어 섞어준 후 불에 올려 끓여준다. **4** 버터와 생크림을 넣고 다시 한 번 끓인 후 불에서 내려준다.

커피 소스

[재료]
물 42g, 커피 분말 5g, 황설탕 120g, 커피 원두 23g, 무염버터 130g

[공정]
1 물, 커피 분말을 넣고 끓이면서 황설탕을 조금씩 넣어가며 끓인다. **2** 커피 원두를 넣고 끓으면 버터를 조금씩 넣어가며 녹여준 후 체에 걸러준다.

크림치즈 필링

[재료]
크림치즈 700g, 설탕 112g, 분당 84g, 크리미 비트 28g, 레몬즙 30g

[공정]
부드러운 크림치즈에 나머지 재료를 넣고 잘 섞어준다.

통팥앙금

[재료]
통팥앙금 5,000g, 호두 분태 300g, 밤 다이스 300g

[공정]
분량의 모든 재료를 잘 섞어준다.

파네토네 토핑 크림

[재료]
흰자 36g, 설탕 30g, 아몬드 분말 30g

[공정]
분량의 모든 재료를 섞어준다.

파트슈크레 반죽

[재료]
무염버터 180g, 분당 116g, 소금 3g, 달걀 48g, 노른자 16g, 박력분 300g, 강력분 76g, 아몬드 분말 39g

[공정]
1 부드러운 무염버터에 분당, 소금을 섞어주고 달걀과 노른자를 섞어준다. **2** 나머지를 체에 쳐서 섞어준 후 냉장고에서 24시간 휴지 후 사용한다.

포테이토 샐러드

[재료]
포테이토샐러드 1,000g, 구운 감자 500g, 모짜렐라다이스 치즈 100g, 소금 적당량, 후추 적당량

[공정]
구운 감자를 으깬 후 나머지 재료와 섞어준다.

헤이즐넛 크림

[재료]
무염버터 200g, 설탕 150g, 마지팬 150g, 달걀 375g, 아몬드 분말 180g, 스펀지 가루 300g, 시너먼 가루 5g, 헤이즐넛 믹스 300g

[공정]
1 무염버터, 설탕, 마지팬을 섞어준다. **2** 달걀을 ①에 넣고 섞어준다. **3** 나머지 재료를 넣고 섞어준다.

Master Baking

마스터베이킹

저자 홍상기
발행인 장상원
편집인 이명원

초판 1쇄 2012년 11월 26일
초판 10쇄 2025년 10월 1일

발행처 (주)비앤씨월드
출판등록 1994. 1. 21. 제16-818호
주소 서울특별시 강남구 선릉로 132길 3-6 서원빌딩 3층
전화 (02)547-5233 **팩스** (02)549-5235
홈페이지 www.bncworld.co.kr
블로그 http://blog.naver.com/bncbookcafe
인스타그램 www.instagram.com/bncworld_books
사진 이재희

ISBN 978-89-88274-85-9 93590